GUIDE

des

VOYAGEURS EN FRANCE.

par

Mr. Reichard,

Conseiller de guerre de S. A. le Duc de Saxe-Gotha.

Faisant partie
de la
sixième édition originale
du
Guide des Voyageurs en Europe,
publiée
par le même auteur,
et
totalement refaite.

Avec la Carte des Postes impériales, la Carte gastronomique, la Carte des Environs et le Panorama des Curiosités de Paris.

A Weimar,
au Bureau d'Industrie, et chez les principaux Libraires de l'Europe.
1810.

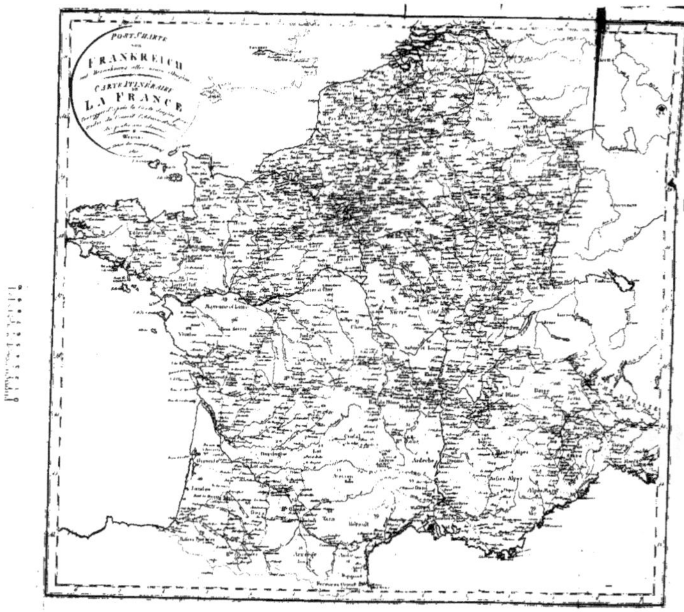
POST-CHARTE
von
FRANKREICH
CARTE ITINÉRAIRE
DE
LA FRANCE

GUIDE
VOYAGEURS EN FRANCE.

Table des matières,

du Guide des Voyageurs en France.

Addition à la Page 15. seq.

Depuis la réunion des ci-devant Etats ecclésiastiques avec l'Empire Français, les départemens de celui-ci viennent d'être augmentés par deux, savoir le *département de Rome*, et le *département de Trasimène*.

Avis.

L'Auteur renvoit à la préface générale qui précède la *sixième édition originale* du *Guide des Voyageurs en Europe*, pour tout ce qui regarde les changemens, les corrections, et les additions qui ont enrichi cette *sixième* édition, totalement refaite. Ces augmentations sont si nombreuses, qu'elle l'emporte par là sur toutes les éditions antérieures, et à plus forte raison sur les contrefaçons. Au reste cet *Itinéraire de la France* ne comprend que les départemens en-deçà du Rhin et des Alpes. Les routes et les villes du Gouvernement général au-delà des Alpes, font partie de l'Itinéraire d'Italie.

A Gotha,
ce 31 *Décembre*
1809.

Reichard.

ITINÉRAIRE

de la

FRANCE.

EMPIRE FRANÇAIS.

I.

Etendue. Sol. Productions. Carte gastronomique. Population. Langage. Religion. Gouvernement. Titres. Revenus. Dettes. Forces de terre et de mer. Ordres. Douanes. Passeports.

Ce grand état, n'a pour limites que celles, qu'il a bien voulu se donner, après une longue suite de victoires et de succès: La Germanie, l'Italie, l'Illyrie, obéissent à son influence et à la supériorité du genie, qui tient les rênes de cet Empire immense, et qui rappele les monarchies d'*Auguste* et de *Charlemagne*. Sa surface avant la paix de Luneville était d'après M. *Busching* de 10,000 milles carrés d'Allemagne, d'après M. *Meusel* de 9696, sans y comprendre les 195 milles carrés de l'isle de Corse, et d'après M. *Necker* sans la Corse, de 26,950 lieues carrées de France. Divisé à présent en 114 départemens, il contient suivant M. *Hassel* 12,277 milles carrés allemands, avec une population de 3082 individus par mille. La nouvelle province d'*Illyrie* acquise par la paix de *Schönbrunn*, de plus d'un million d'habitans, n'y est pas comprise. De ce territoire immense, suivant les tableaux de la Statistique de M. *Herbin*, il y a:

terres de Labour - -	33,219,43470	*hectares*
terres à vignes - -	2,434,36564	—
bois - - - - -	8,134,71626	—
riches pâturages - -	3,302,03302	—
Prairies artificielles -	3,745,30384	—
bruyeres, landes, rivières, étangs etc. - - -	10,422,92500	—
	61,258,78206	*hectares*
	ou le double d'arpens	

Par les nouvelles réunions, de *Gênes*, de l'*Etrurie*, de *Parme* etc. cette somme est augmentée de plusieurs mille. Le Climat, à quelques provinces méridionales près où il fait fort chaud, est très-doux, et très-agréable, et l'air tempéré et sain. En général on peut diviser l'Empire Français en trois zones, qui ont exactement trois climats différens, dont l'influence est très - remarquable sur toute espèce de *végétation*.

Les montagnes les plus considérables sont les Alpes, le Jura, les Pyrénées, les Cévennes et les montagnes de la ci - devant Auvergne, que l'on pourrait nommer la Suisse française, (le *Cantal*, est élevé de 5802 pieds de Paris et le *Mont - d'or*, de 5820 pieds, au - dessus de la mer: mais les plus hautes montagnes de la France, sont le *Montblanc*, 14,532 p. de P. le *Louzira*, 13,648, le *Loupilon*, 13,260, et le *Joceime*, 13,002.) Les principales rivières sont la Seine, la Loire, le Rhône, la Garonne, (à laquelle se rend au - dessous de Toulouse, le fameux *Canal de Languedoc*, qui commence à *Cette* sur la mer méditerranée, et qui réunit deux mers. Il y a toujours sur le canal 250 bâtimens en activité;) plus la Marne, l'Escaut, le Rhin, la Meuse, la Sambre, la Moselle, la Sarre, et la Roër. M. *Necker* estima la population de l'ancienne France à 24,676,000 ames, mais suivant le tableau dressé au dépôt du cadastre, la population de la France était en 1789, de 25,794962. La population de l'Empire Français monte en Europe suivant le calcul de M. *Hassel* à 37,842567 habitans, et d'après les de nombremens de 1808, on peut même l'évaluer à 38,262,000. La réligion dominante était ci-devant la catholique; la révolution a amené la tolérance de toutes les sectes, et l'exercice libre et public de tous les cultes. Mais la réligion catholique, étant aujourd'hui d'après le *concordat* celle de l'état, doit être regardée comme le culte de la grande majorité des Français, tant anciens qu'incorporés. On compte à-peu-près, 32 millions de catholiques, et 5 à 6 de protestans. Il y a 13 archévêchés et 78 évêchés. Les réformés ont des églises paroissiales et des synodes; les luthériens, trois consistoires générales, et les juifs une synagogue centrale à Paris. On parle en France six langues différentes: le Français proprement dit qui n'autorise aucun dialecte, et qui est devenu la langue universelle de l'Europe, au moins la principale en usage; l'ancien Bréton en Basse - Bretagne; le Biscayen à Labour, dans la Navarre et à Soule; l'Allemand en Alsace, dans la Lorraine et dans les départemens qui comprennent les pays allemands conquis et réunis; le Flamand dans la Belgique; et l'Italien dans la Ligurie et les départemens Italiens. Il faut y ajoûter à présent l'Esclavon et le Grec. D'après un calcul récent 28,126,000 individus parlent la langue françaiſe, 4,071,000 la langue italienne, 2,705000 la langue allemande, 2,277,000 la langue flamande, 967,000 la langue brétonne, 108,000 la langue basque. Chaque nation possède des dictionnaires de la langue française; ce serait être trop prolixe, que d'en faire ici l'énumération. Nous recommandons aux voyageurs allemands, comme des livres de poche utiles, *le Dictionnaire portatif français - allemand, et allemand - français par Catel* N. E. à Brunswick. 12., et surtout le *Nouveau Dictionnaire de poche français-allemand, et allemand-français*, à Leipsick, chez *Rabenhorst*. 12. N. E. Le Gascon et le Provençal par son mélange du Français, de l'Espagnol et de l'Italien, annonce non seulement le voisinage de l'Espagne et de l'Italie, mais encore les anciennes liaisons des habitans de ces trois pays.

Beausobre fait monter la quantité du vin qui se vendange dans toute la France ancienne, année commune, à 13,687,500 muids. *Maréchal* soutient qu'une vigne en Champagne rapporte en général depuis 30 jusqu'à cinquante livres sterling, et le produit nêt en est d'environ 4 jusqu'à 7 livres sterling. Le champagne rouge des environs de *Rheims* est d'une bonté exquise. Les vins de Champagne passent dans le commerce sous les noms des vins *d'Ay*, de *Taissy*, de *Sillery*, *Haut-Villers*, de *Versenay*, de *Tonnere*, mousseux et pétillant. Le canton auprès *d'Epernay*, qui produit le vin blanc fin, ne contient que 5 lieues de longueur, et il y a un autre espace de 3 ou 4 lieues, où l'on fait le vin blanc avec du raisin blanc seulement. Avec le raisin noir on fait du vin rouge ou du vin blanc. Les meilleurs vins de Bourgogne sont ceux de *Beaune*, de *Nuits*, de *Romanés* de *Pommard*, de *Vougart*. Les vins de liqueur les plus estimés en France sont ceux de la *Ciotat*, et de *St. Laurent* en Provence; les vins muscats d'une qualité exquise sont ceux de *l'Hermitage*, de *Frontignan*, de *Luncl*, et de *Rivesaltes*. Bordeaux est l'entrepôt principal des vins dits français, de Bergerac, de Médoc, de Cahors, du vin de Grave, de Pontac etc.. Dans les départemens conquis et réunis croissent les vins de Moselle, le célèbre vin rouge de Rhin, connu sous le nom de *Bleichert*, et les vins renommés de *Nierstein* et de *Laubenheim*. Du mauvais vin se fait l'eau-de-vie dont la meilleure est celle de Cognac sur la Charente. Les eaux-de-vie de vin, qui se font en France, p. e. celles de *Nantes* et de l'ancien *Poitou*, sont généralement estimées en Europe. Des vinaigre-de-vin celui *d'Orleans* est reputé le meilleur. *Les Raisins de caisse* viennent de la Provence et les *Passarilles* du Languedoc. La meilleure *huile* se fait en Languedoc, mais surtout en grande quantité dans le Roussillon et la Provence, d'où elle a pris son nom; on préfère celle dite *d'Aix*. On distingue deux sortes d'huiles, savoir les huiles *par expression* et celles *par distillation*. Depuis quelque tems on cultive dans quelques départemens, et principalement dans celui des Landes, *l'arachide* ou *cacahuète*, originaire du nouveau-monde et introduite en Espagne. Elle donne une graine, de laquelle on extrait une huile, qui, par sa délicatesse, ne le cède point à celle d'olives. Elle est en outre extrêmement abondante. Savon blanc et marbré, savons en pâte verts et noirs. Chanvre. Coton. Lin. L'ancienne Belgique, la Normandie, la Brétagne, produisent le lin, employé à la fabrique des toiles fines, batistes, dentelles. Il y a des ouvrières en dentelles, à qui une journée de ce travail vaut depuis 9 jusqu'à 12 francs. Bois, revenu territorial es plus importans, mais fort négligé dans les tems de la révolution. Miel, le plus estimé est le miel blanc du petit pays de Corbières près Narbonne. Paris seul consume la moitié de tout ce qui s'en recueille. Les meilleures cires jaunes sont celles de Bretagne. Bled. Il a paru une quantité d'écrits sur le commerce des bleds en France, on en a compté jusqu'à trente depuis 1703 jusqu'en 1776. Mais quelque grande que soit en France la consommation du bled, tous les départemens fournis, il en reste chaque année une grande quantité qu'on peut vendre à l'étranger. Les pommes de terre obtiennent à présent une place parmi les richesses territoriales. La culture du maïs est de la plus haute importance pour les départemens où elle a lieu. Le safran du ci-devant Gatinais est aujourdhui le plus récherché. On cultive surtout l'anis et le coriandre dans les départemens méridionaux. C'est à un citoyen inconnu, et à présent oublié, nommé François *Fraucat*, que Nîmes et les départemens méridionaux de la France, sont redevables de leurs richesses en soieries. Il planta en 1564 le premier murier en France, et 1606 il en avait déjà répandu plus de 4 millions de plantes dans ces deux provinces méridionales. A la grande foire de *Beaucaire*, où pendant dix jours seulement il se faisait avant la guerre de mers, pour six millions d'affaires, la soie est un objet si considérable, que l'exportation de cette marchandise est en général d'une grande conséquence pour l'ancienne France. Le tabac rapé de Saint-Omer et une infinité d'autres sortes, y font une branche particulière de commerce. La ferme du tabac, qui n'existe plus, rapportait sous l'ancien régime environ 36 millions de livres. La consommation en France, pendant l'année 1797, a été de 240,000 quintaux de tabac fabriqué. La plupart passe par Dunkerque. Le sol de la France est généralement propre à la culture du tabac; il y a des contrées qui en produisent d'excellent: dans la Roër il en vient d'une très-bonne qualité. La France est, sans contredit, le pays de l'Europe, le plus abondant en fruits de toute espèce, ou, pour mieux dire, tous les fruits particuliers à chaque partie de l'Europe, se trouvent rassemblés dans son territoire et repandus avec profusion. Qui ne connait et ne recherche pas, les bons-chrétiens d'Indre et Loire, les gelées de pommes de Rouen, les marrons de Lyon, les pruneaux de Tours, et de Brignolles, les jujubes, avelines, citrons, oranges de Graffe et d'Hières etc. C'est en France que se fait le plus grand commerce du sel marin, outre le sel de salines. Car le sel de France passe pour le plus salant et le moins corrossif de l'Europe. Les produits des marais salans, s'élèvent à près de 4 millions de quintaux aujourd'hui; la vente que l'on en fait au dehors monte, année moyenne, à environ 2 millions 400,000 livres, car la consommation intérieure s'est beaucoup accrue depuis la révolution. Cela nous conduit à des calculs curieux sur le numéraire, que ce commerce et d'autres faisoient et font entrer en France. Il n'y avait point d'état en Europe qui faisait monnayer autant d'or et d'argent que la France; M. *Necker* faisait monter la somme totale du numéraire fabriqué depuis 1726 (date de la plus ancienne pièce de monnaie ayant cours actuellement) jusqu'au premier Janvier 1784, à 2500 millions de livres. Le troubles de la révolution ayant fait disparaître presque tout le numéraire, l'assemblée nationale y suppléa par un papier-monnaie ou des assignats, dont la somme, vers la fin de l'année 1793, montait à 6 milliards, sans compter les papiers contrefaits. Les assignats furent suivis de mandats etc. jusqu'au terme du 18. Brumaire. C'était une grande journée que le 18. Brumaire: au-delà de cette journée était le néant ou la gloire; elle donna la gloire, en donnant à la France un homme qu'elle consacra à son salut, et à sa prépondérance actuelle. Il sut, a dit un poëte moderne, il sut

..... par un déluge de gloire
Purifier le sol français! — —

M. *Arnould*, dans son excellent ouvrage sur la balance du commerce de France, prouve, contre les assertions de M. *Clavière*, qu'il y avait en France du tems de la révolution plus de 2000 millions livres, en numéraire. Ce même auteur y ajoute un calcul assez curieux des revenus nationaux de ce royaume, c'est-à-dire du produit annuel de l'agriculture, des fabriques, du commerce, et de la pêche.

Benéfices de l'Industrie Française, avant la révolution en 1789.

Pour les toileries - -	161,250000	Livres
— les lainages - -	92,500000	—
— les soieries - - -	41,600000	—
— les modes - - -	5,000000	—
Ameublemens et tapisseries -	800000	—
Mercerie, quincaillerie - -	75,000000	—
Tannerie, pelleterie - -	6,000000	—
Panéterie - - - -	7,200000	—
Orfévrerie, bijouterie - -	2,500000	—
Manufactures à feu - - -	38,200000	—
Savon - - - - -	5,000000	—
Raffinerie de sucre - -	5,800000	—
Sel - - - - -	2,700000	—
Tabac - - - - -	1,200000	—
Arts et métiers - - -	60,000000	—
	504,750000	Livres.

Il est aisé à voir, qu'aujourd'hui plusieurs parties de ce tableau n'offrent plus les mêmes proportions de bénéfices de la main-d'oeuvre; les uns en donnent plus, les autres moins. Mais ce tableau suffit pour prouver, quelles ressources immenses renfermait déjà l'ancienne France par son industrie nationale, et quelles ressources doit donc renfermer à plus forte raison, le vaste Empire Français! Ces ressources doivent nécessairement se doubler et se tripler, dès que la paix générale permettra à *Napoléon*, d'y consacrer toute son attention.

La France a du poisson en abondance et la pêche des huitres près Cancale en Bretagne est considérable. On fait beaucoup de cas de celles qu'on apporte du pays de *Médoc*, qui sont petits et d'une couleur qui tire sur le vert. On consomme à Paris en huitres, environ un million de douzaines. La pêche des sardines est très-importante. Au moment de la révolution le produit de la pêche de la morue s'éleva à 15,700,000 francs. Les maquereaux, les congres, les saumons forment une pêche considérable; le poisson qu'on pêche sur la côte de Dunkerque à St. Valéry est fort estimé, celui du Bourg d'Ault est réputé le meilleur. On prétend que plus on approche de la côte d'Angleterre, plus le poisson a de qualité. Paris seul paraît consommer en poisson de mer, frais, sec et salé, 100000 quintaux par an. La France si riche en rivières très-poissonneuses, renferme encore 500000 arpens d'étangs. Il faut mettre encore au nombre des productions et des autres branches du commerce les autres productions animales. Les troupeaux et leurs produits divers, forment une des plus fortes branches. Le gros bétail est répandu en général sur toute la surface de la France. Les calculs approximatifs donnent le tableau suivant.

Boeufs travaillans * - -	3,208000.
— — à l'engrais - -	404500.
Elèves. - - - -	1,456000.
Vaches. - - - -	1,016000.
	6,084560.

On trouve en France plusieurs races de bêtes à laine distinctes et précieuses, chacune dans leur espèce. On vante au Nord pour la chair, les *Ardannois*, les *Pressalés*. Les marroquins faits avec la peau des chèvres de Corse, égalent ceux du Lévant.

Les belles toisons des *Aspres*, de *Tech*, et d'une partie de la *Salogne* fournissent de fort belles laines à l'ancienne France. Parmi les fromages on distingue les fromages de *Brie*, le *Sassenage* de Grenoble, le *Vachelin* de la ci-devant Franche-Comté. On trouve dans le Nord les fromages de *Marolles* et le *Dauphin*, celui de

Neufchâtel qui présente trois qualités et trois formes distinctes. Il faut y ajouter le Parmesan d'Italie. Les beurres les plus estimés, sont ceux de la Lys, du Pas-de-Calais, de la Seine-inférieure, du Calvados, de l'Orne, de la Manche, de la Brétagne. La consommation qui se fait des porcs à Paris, est évaluée à plus de 550000 et l'on peut estimer, qu'il s'en consomme par an dans toute la France, près de 4,000000. Les ci-devant provinces du Maine, de Normandie, de Guienne, de Languedoc, sont celles qui abondent le plus en volailles de toute espèce. Il s'y en fait un commerce considérable, et qui s'étend fort loin. On y sale des oies pour toute l'année, en coupant l'animal en morceaux, que l'on fait cuire dans leur graisse. C'est là ce que dans ces départemens on nomme *cuisses d'oie*. La plus grande partie se consomme dans le pays, et dans les départemens éloignés, ce mêts est plus vanté, qu'il n'est en usage. On en prépare une énorme quantité dans le Périgord et du côté de Baïonne et de Toulouse. Dans cette seule dernière ville il s'en consomme par an plus de 120,000. On a fait depuis peu, un essai ingénieux de *Géographie gourmande* de la France. La *carte gastronomique*, que nous avons fait copier et ajoûter à cet *itinéraire*, l'expliquera davantage. On y verra d'un seul coup d'oeil quels sont les départemens et les villes, qui jouissent du beau privilège de fournir à la table quelques productions plus ou moins célèbres, plus ou moins récherchées. — —

C'est l'ancienne Normandie qui fournit les plus beaux chevaux, mais en général les chevaux français pèchent par avoir de trop grosses épaules. Le nombre total des chevaux actuellement existans en France sans y comprendre les élèves, est porté à 1,835,100, dont 1,500000 pour les travaux de la culture et 35000 dans Paris. C'est dans le Cantal que s'élèvent les mulets, connus et recherchés sous le nom de *mulets d'Auvergne*. Dans les arrondissemens du Poitou et de Vienne, se trouve une race d'ânes de la plus haute espèce; leur taille ordinaire est de 4 pieds 3—6 pouces, même de 5 pieds. Ils sont connus dans le pays, sous le nom d'*animaux*: on les appelle aussi *bourriquets*. La France possède des grandes richesses minérales, qui se sont accrues, par les nouvelles acquisitions de ses victoires. Le charbon de terre; le plomb est, après le fer et le zinc, le métal qu'on trouve le plus abondamment en France: dans les départemens il y a des mines dor, d'argent, de cuivre, de marbre; des mines considérables de vif - argent sont dans le pays de *Deux - Ponts* et de *Spire.* On exploite dans celle appelée *Moschellandsberg*, depuis trois siècles, jusqu'à 15000 livres pesant de vif-argent annuellement, et dans celle de *Dreikönigszug*, avant la guerre, jusqu'à 20000 livres. Le ci-devant Piémont, riche en minéraux de toute espèce, renferme aussi des mines rares du cobalt, de la plombagine etc. Les salines de *Kreutznach* sont très - importantes, elles produisent, année moyenne, jusqu'à 50,000 quintaux de sel. Des mines de houille, de terre à pipe, de pierres de tuf: cette dernière pierre est un objet de commerce assez important avec les Hollandais. Des carrières de marbre, d'albâtre, les énormes dépôts de pierres à fusil, dans les départemens de Loir et Cher et de l'Indre: d'ardoise; de pierre de ponce; de lave etc. Le liège qu'on apelle *liège blanc* pour le distinguer du liège d'Espagne, parait noir d'un côté. Les eaux minérales, tant pour boire que pour les bains, ne sont pas rares dans l'Empire. On estime fort les eaux médicinales de Bagneres, d'Aigues - chaudes, de Barège, de Plombières, de Dax, de Luxeuil, d'Aix en Savoie, d'Aix-la chapelle, de Spa etc. La fontaine de St. Pierre d'Argenson passé pour être une source de vin, parceque l'eau en a toute à fait le goût.

Dans les départemens du sud, l'arbre dit *micocoulier*, pousse des branches droites et flexibles. On donne par des coupures à ces branches la figure d'une fourche à trois pointes; cette fourche continue de croître, et acquiert dans l'intervalle de 6 à 8 ans, la grandeur desirée. Voilà une fabrication de fourches, unique et assez singulière. On trouve sur les bords du *Rhône*, des castors, semblables à ceux du Canada, des loutres, des tortues.

Le territoire européen de ce vaste Empire, est réparti en 114 *départemens*, et 28 *divisions militaires*: chaque département est subdivisé en *Arrondissemens communaux* et en *Cantons* ou Justices de paix. Nous rapprocherons les anciennes provinces des départemens, pour faire connaître leur rapport.

Anciennes Provinces.	*Départemens.*
Flandre Française.	Nord.
Artois.	Pas de Calais.
Picardie.	Somme.

Normandie.	Seine-inférieure.
	Calvados.
	Manche.
	Orne.
	Eure.
Isle de France.	Seine.
	Seine-et-Oise.
	Oise.
	Aisne.
	Seine-et-Marne.
Champagne.	Marne.
	Ardennes.
	Aube.
	Haute-Marne.
Lorraine.	Meuse.
	Moselle.
	Meurthe.
	Vosges.
Alsace, Evêché de Basle, Bienne.	Haut-Rhin.
	Bas-Rhin.
Bretagne.	Ile-et-Vilaine.
	Côtes-du-Nord.
	Finisterre.
	Morbihan.
	Loire-inférieure.
Maine-et-Perche.	Sarthe.
	Mayenne.
Anjou.	Mayenne-et-Loire.
Touraine.	Indre-et-Loire.
Orléanais.	Loiret.
	Eure-et-Loir.
	Loir-et-Cher.
Berry.	Indre.
	Cher.
Nivernais.	Nièvre.
Bourgogne.	Yonne.
	Côte-d'Or.
	Saône-et-Loire.
	Ain.

Franche-Comté.	Haute-Saône. Doubs. Jura.
Poitou.	Vendée. Deux-Sèvres. Vienne.
Marche.	Haute-Vienne, qui comprend une partie du Limoisin. Creuze.
Limousin.	Corrèze, qui comprend une partie de la Haute-Vienne.
Bourbonnais.	Allier.
Saintonge, et Aunis.	Charente-Inférieure.
Angoumois, y compris une partie de la Saintonge.	Charente.
Auvergne.	Puy-de-Dome. Cantal.
Lyonnais, Forêt et Beaujolais.	Rhône. Loire.
Dauphiné.	Isère. Hautes-Alpes. Drôme.
Guienne, et Gascogne.	Dordogne. Gironde. Lot-et-Garonne. Lot. Aveiron. Gers. Landes. Hautes-Pyrénées.
Béarn.	Basses-Pyrénées.
Foix.	Arriège.
Roussillon.	Pyrénées-Orientales.
Languedoc.	Haute-Garonne. Aude. Tarn. Gard. Lozère. Ardèche. Haute-Loire. Hérault.

Provence.	Bouches-du-Rhône. Basses-Alpes. Var.
Pays conquis ou réunis.	*Départemens.*
Avignon et Venaissin.	Vaucluse.
Savoie.	Mont-Blanc.
Comté-de-Nice.	Alpes-maritimes.
Hainaut-Autrichien.	Jemmappes.
Partie occidentale de la Flandre Autrichienne.	Lys.
Partie orientale du comté de Flandre.	Escaut.
Partie orientale du Brabant.	Deux-Nèthes.
Partie méridionale du Brabant.	Dyle.
Partie du pays de Liège et de la Gueldre.	Meuse-inférieure.
Partie des pays de Liège et de Limbourg, avec les principautés de Stavelot et de Malmédy.	Ourthe.
Comté de Namur.	Sambre-et-Meuse.
Duché de Luxembourg.	Forêts.
Partie de l'archévêché de Trêves.	Rhin-et-Moselle.
Partie de l'archévêché de Trêves et du duché de Deux-Ponts.	Sarre.
Partie de l'archévêché de Mayence, du duché de Deux-Ponts, et de l'Evêché de Spire.	Mont-Tonnerre.
Partie de l'archévêché de Cologne, du duché de Juliers, de la Gueldre Prussienne etc.	Roer.
Territoire de Genève, districts de Gex, Carouge, Thonon etc.	Léman.

Gouvernement général au-délà des Alpes.

Piémont.	La Doire. Marengo. Le Pô. La Sésia. La Stura.

Ligurie.	Gênes. Montenotte. Apennins.
Parme et Plaisance.	Taro.
Etrurie.	l'Arno. Mer méditerranée. Ombrone.
Corse.	Golo. Liamone et l'Isle d'Elba.

114.

Les *Colonies* forment 4441 milles carrés d'étendue avec une population de 1,286400 habitans.

La France monarchique a parcouru un cercle de quatorze siècles; la France révolutionnée et républicaine en a parcouru un de 12 années; elle a recommence glorieusement un troisième; en se convaincant, que son superbe Empire est trop vaste pour pouvoir être gouverné autrement que par l'autorité suprême d'un *Seul*; verité consignée dans cinq constitutions et dans vingt-mille lois, qui ne contenaient pas même les élémens d'un code civil:

. . . *primus et divinissimus principatus!*

(*Aristot. de la polit.*)

La gloire, la reconnaissance, la raison, l'intérêt de l'état, ont provoqué, en l'an XII. le *senatus-consulte*, qui confia le gouvernement de l'Empire Français à *Napoléon*, Empereur des Français, et déclare ce titre et le pouvoir impérial, héréditaires dans sa famille, de mâle en mâle, et par ordre de primogéniture. On a fait dans l'organisation des autorités constituées, les modifications, que pourrait exiger l'établissement du pouvoir héréditaire; mais l'égalité, la liberté, et les droits du peuple, sont conservés dans leur intégrité. Le nom de *Napoléon* attaché au 19me siècle, et formant déjà dans l'histoire une époque glorieuse et memorable, donne à l'Univers la plus grande leçon. Il consacre le principe de l'hérédité et de l'unité, pour le bien de la France, dont il finit la revolution, et pour l'exemple de l'Europe, dont il prévient les erreurs.

Le titre de l'Empereur, est: *Napoléon, par la grace de Dieu et par les constitutions, Empereur des Français, Roi d'Italie, Protecteur de la Confédération du Rhin. Médiateur de la Confédération helvétique etc. etc.*

On donne aux Princes français et aux Princesses de la famille *Napoléon*, le titre d'*Altesse Impériale*. Les soeurs de l'Empereur portent le même titre. On donne aux Titulaires des grandes dignités de l'Empire, le titre d'*Altesse Sérénissime*. On donne aussi aux Princes, et aux Titulaires des grandes dignités de l'Empire, le titre de *Monseigneur*. Le secrétaire d'état a rang de ministre. Les ministres conservent le titre d'*Excellence*. Les fonctionnaires de leurs départemens, et les personnes qui leur présentent des pétitions, leur donnent la qualification de *Monseigneur*. Le Président du Sénat, reçoit le titre d'*Excellence*. On appelle les Maréchaux de l'Empire, *Monsieur le Maréchal*. On leur donne aussi, quand on leur adresse la parole, ou quand on leur écrit, le titre de *Montseigneur*.

Un étranger doit consulter le *Cérémoniel de l'Empire Français; à Paris*, 1805. 8. Ce livre instructif lui devient indispensable, conjointement avec l'*Almanac Impérial*, qui se publie chaque année.

L'ère des Français data ci-devant de la fondation de la République Française, qui a eu lieu le 22 Septembre 1792 de l'ère vulgaire, jour où le soleil est arrivé à l'équinoxe vrai d'automne, en entrant dans le signe de la balance, à 9 h. 18′ 30″, du matin, pour l'observatoire de Paris. Cette ère avait été établie pour les usages civils par la loi du 5 Octobre 1793. Chaque année républicaine commença à minuit du jour de l'équinoxe vrai d'automne pour l'observatoire de Paris. L'année était divisée en 12 mois égaux de 30 jours chacun. Après les 12 mois suivaient 5 jours pour compléter l'année ordinaire. Ces 5 jours n'appartenaient à aucun mois, et furent appelés *complémentaires*. Les noms des 12 mois se suivaient dans cet ordre: Vendémiaire; Brumaire; Frimaire; Nivose; Pluviose; Ventose; Germinal; Floréal; Prairial; Messidor; Thermidor; Fructidor. L'année ordinaire recevait au bout de quatre ans, un jour de plus, d'après la position de l'équinoxe, afin de maintenir la coïncidence de l'année civile avec les mouvemens célestes. Ce jour, appelé *jour de la révolution*, était placé à la fin de l'année, et forma le sixième jour complémentaire. La période de 4 ans, au bout de laquelle cette addition d'un jour est ordinairement nécessaire, était appelée *Franciade*.

Telle était l'ère républicaine; mais les grands inconvéniens qui en résultaient, l'ont fait l'abolir en 1804, et depuis l'an 1805 l'Empire Français suit l'ère adoptée par le reste de l'Europe, et anciennement en usage.

Avant la révolution, les revenus publics, suivant le dernier compte rendu par M. *Necker*, étaient de 475,294,000 livres par an, et les dépenses de l'état excédaient cette somme de 56,150,000 livres. Quelques-uns portaient les révenus annuels de la République Française à 600 millions, sans les emprunts et les crédits anticipés. Suivant le compte rendu en 1807 les revenus ordinaires de l'Empire en impôts directs montaient à 720 millions Francs. L'état des dettes publiques était incertain. Elles étaient estimés à 2 milliards; les rentes viagères à 18 millions. Le ministre *Ramel* a demontré dans son rapport sur les finances, que la convention nationale, ses comités, et le directorat, avaient contracté par l'émission du papier-monnaie, la dette de 47 milliards 978 millions 810,040 livres, dont 45,578,810,440 en assignats, et 2,400,000,000 en rescriptions et mandats. Mais, l'Empereur *Napoléon*, n'a cessé, depuis son regne, même au milieu des camps, de donner tous ses soins au rétablissement urgent des finances, aliment de l'organisation publique, et qui déjà viennent d'être améliorées. La dette publique a été diminuée de plusieurs millions par l'amortissement; l'industrie manufacturière a été encouragée; des mesures sont prises pour achever les canaux commencés, rouvrir les canaux encombrés, dessécher des marais; sur toutes les grandes routes ont été commencés des réparations nécessaires et considérables; les hospices sont rendus aux soins de ces femmes respectables, qui toujours ont porté si dignement le doux nom de *soeurs de la charité*.

Suivant les rapports publics en 1807 l'armée de terre était forte de 570,000 hommes. Les gardes nationales et les cohortes formaient un corps à part. L'armée de terre se trouve dans l'état le plus formidable; l'opinion publique plie devant elle comme l'ennemi. La marine militaire était en 1807 d'environ 98 vaisseaux grands et petits, et 70,000 matelots, non-compris les 1500 bâteaux plats et chaloupes canonières, construites pour l'expédition contre l'Angleterre.

Deux ordres de chevalerie sont fondés par l'Empereur *Napoléon*; l'ordre de la légion d'honneur, et l'ordre des trois toisons d'or.

Par un décret de l'assemblée constituante de l'an 1790 les bureaux et postes des douanes furent reculées aux frontières; où elles restent établies, et où elles forment plusieurs lignes. Les préposés des douanes ont reçu l'uniforme suivant: habit, drap vert doublé de même, gilet rouge et culotte verte, le bouton jaune, portant pour exergue *Empire Français*, et pour légende, *Douanes*. Les officiers ont un collet jaune. Leurs principales fonctions sont, de defendre l'importation en fraude des productions des manufactures étrangères, et de s'opposer à l'exportation des objets reconnus de première nécessité ou indispensables aux propres besoins de l'Empire. P. e. il est défendu d'exporter de l'or et de l'argent frappé aux coins de la monarchie française. Le voyageur, qui à son entrée sur le territoire de l'Empire, porte sur lui des espèces d'or ou d'argent, monnayées en France, doit en faire sa *déclaration* à la douane; on lui en expédie, moyennant quelques sous qu'il paye au greffier, un certificat, qu'il montre au *bureau de visite*, où l'argent déclaré est compté; il reçoit alors *l'acquit de caution*, et cet *acquit*, présenté à la douane de sortie, ou au bureau des frontières où il quitte la France, lui procure la permission d'exporter la même somme en argent de France. Car les ducats, les risdalers allemands, et même les écus brabançons, ne sont pas compris dans la défense d'exportation ou d'importation. Aucun voyageur ne doit négliger cette déclaration à son entrée, s'il ne veut pas voir son argent confisqué à la sortie. Les préposés des douanes concourent en outre aux mesures de sûreté, que les circonstances ont commandé à l'entrée de l'Empire, et pour les communications avec l'étranger. Les *passeports* sont de toute rigueur. Chaque voyageur doit être muni d'un passeport en règle, expédié par le magistrat du lieu de son domicile; ce passeport doit être signé par l'ambassadeur, l'envoyé, ou chargé d'affaires de l'Empire, qui réside à la cour ou dans la ville d'où le voyageur part. Si aucun ne s'y trouvait, le voyageur se procurera la signature de l'ambassadeur ou chargé d'affaires Français le plus voisin

Ce passeport visé du voyageur doit être présenté au préfet du département des villes frontières ci-dessous désignées, et sans en avoir reçu la permission, il ne saurait continuer son voyage dans l'intérieur. Arrivant à la ville de frontière, le passeport reste à la porte d'entrée, et l'on désigne au voyageur l'heure, quand il doit se présenter à l'hôtel de préfecture. Les bureaux de préfecture sont ouverts depuis 9 à 3 heures du matin. Il faut se présenter en personne, signer de sa main le passeport, et coucher de même sa signature sur le livre des régîtres. Dans le cas où une maladie ou quelque autre accident, vous empêche d'y aller en personne, un subalterne de la préfecture se rend à votre auberge. Nous marquerons à l'article de *Paris*, ce que l'étranger doit observer, à son arrivée dans cette capitale. Les villes frontières sont: *pour l'Allemagne, et la Hollande*; Anvers, Mastricht, Cologne, Mayence, Strasbourg et Coblence: *pour la Suisse*, Besançon; *pour l'Italie*, Turin et Gênes; *pour l'Espagne*, Bayonne et Perpignan. Les gendarmes peuvent exiger de droit l'exhibition du passeport, quand ils rencontrent des voyageurs sur les routes ou dans les auberges. Dans ce moment (1809) des ambassadeurs et chargés d'affaires de l'Empire Français, résident à Madrit, à Petersbourg, à Constantinople, à Vienne, à Berlin, à Cassel, à Darmstadt, à Carlsrouhe, à Francfort sur le Mein, à Dresde, à Altona, à Copenhague, à Munnich, à Stuttgard, à Hambourg, à Wirzbourg, en Suisse, à Varsovie, à la Haye, à Milan, à Rome, à Naples, à Philadelphie etc. Les étrangers, qui arrivent par mer, trouveront des passeports signés par le ministre de police de Paris, dans les ports d'Ostende, de Dunkerque, de Calais, de Boulogne, de Dieppe, de Havre, de Cherbourg, de Granville, de Malo, de Nantes, de Rochelle, de Bordeaux, de Marseille, de Cette, de Fréjus, et de Nice. Les étrangers, qui débarquent dans d'autres ports de l'Empire, que les ci-mentionnés, doivent y attendre la réponse du ministre de police, avant que de pouvoir continuer leur voyage. Les décrêts de 1807 et 1808 ordonnent, que les passeports accordés pour voyager dans l'intérieur, ou pour en sortir, tant aux Français qu'aux étrangers, ne peuvent être délivrés que sur un papier uniforme, que le ministre de police a été chargé de faire fabriquer et de distribuer aux autorités compétentes. Il ne devait être payé pour chaque passeport, pour tous frais, y compris ceux de la fabrication et du timbre, que 2 Francs. Mais cela revient quelquefois à 3 ou 4. Tous les *visa*, devaient de même être donnés gratuitement.

---

2. et 3.

Poids et Mesures. Réduction des anciennes mesures en nouvelles. Taille de l'homme en mètres.

L'académie des sciences ayant été chargée par l'assemblée constituante de travailler à un nouveau système général des poids et mesures, s'est déterminée à prendre, pour l'unité réelle de mesure, le quart du méridien, et pour l'unité usuelle, la dix-millionième partie de cette longueur. Cette unité fondamentale, la dix-millionième partie du quart du méridien, équivalente à très-peu-près à trois pieds, onze lignes et demie, fut appelé *mètre*, nom venant du mot grec *métron*, qui veut dire proprement, mesure: ses divisions sont toutes assujetties à l'ordre décimal. Pour l'unité des mesures agraires on a pris un carré, ayant pour côté dix mètres, qu'on a appelé *are*; pour l'unité des mesures de capacité, un cube, ayant pour côté la dixième partie du mètre, auquel on a donné le nom de *litre*; et pour l'unité des mesures de solidité, rélatives au bois, un cube ayant pour côté le mètre, qu'on a appelé, *stère*; enfin, la millième partie d'un litre d'eau distillée, pésée dans le vide et à la température de la glace fondante, a été choisie pour être l'unité des poids, qu'on a appelé, *gramme*. Ces quatre unités principales ont trois diviseurs et quatre multiples, qui s'appliquent à chacune d'elles. Les trois diviseurs sont le *déci*, *le centi* et le *milli*. Les quatre multiples sont le *déca*, *l'hecto*, le *kilo* et le *myria*. Ces onze termes renferment tout le nouveau système des poids et mesures.

Par un arrêté des Consuls de l'an VIII, en exécution de la loi de l'an IV, le système décimal des poids et mesures a été définitivement mis à exécution à com compter du 1. Vendémiaire an X. Pour faciliter cette exécution, les dénominations données aux mesures et aux poids, pourront dans les actes publics, comme dans les usages habituels, être traduites (à l'exception seule du *mètre*) par les noms français, qui se trouvent dans le Tableau suivant, à côté de chaque nom systématique.

Mesures linéaires.

Noms systématiques.	*Noms français.*	*Valeur en anciennes mesures.*		
		pieds	pouc.	lig.
Mètre.	—	3	6	11,296
Décimètre (ou un 10. de mètre.)	Palme.		3	8,330
Centimètre, (ou un 100. de mètre.)	Doigt.			4,433
Millimètre, (ou un 1000. de mètre.)	Trait.			0,443

Mesures itinéraires.

		toises.	pieds.	p.	lig.
Myriamètre, (ou 10,000 mèt.)	Lieue.	5 30	4	5	3,560
Kilomètre, (ou 1000 mèt.)	Mille.	513	0	5	3,936
Hectomètre, (ou 100 mèt.)	—	51	1	10	1,583
Décamètre, (ou 10 mèt.)	Perche.	2	0	9	4,958

Mesures agraires.

Noms systématiques.	*Noms français.*	*Valeur en anciennes mesures.*
		toises carrés.
Hectare, (hectomèt. carré.)	Arpent.	2632,45

Are, (decamèt. carré.)	Perche carrée.	26,32
Déciare.		2,63
Centiare.	Mètre carré.	0,26

Mesures de capacité pour les liquides.

Décalitre. (10 décimèt. cub.)	Boisseau, Velte.	*Pieds cubes.* 0,2917
Litre. (décimèt. cub.)	Pinte.	*Pouces cubes.* 50,4124
Décilitre.	Verre.	5,0412
Centilitre.	—	0,5941
Millilitre. (centimètre cube)	—	0,0504

Mesures de capacité pour les matières sèches.

		Pieds cubes.
Kilolitre.	Muid.	29,1739
Hectolitre.	Setier.	2,9174
Décalitre.	Boisseau	0,2917
Litre.	Pinte.	50,4124 pouc. cub.

Mesures de solidité et pour les bois.

Noms systématiques.	*Noms français.*	*Valeur en anciennes mesures.*
		Pieds cubes.
Stère. (mètre cube.)	—	29,1739
Décistère.	Solive.	2,9174
Centistère.	—	0,2917
Millistère. (decimètre cube)	—	0,0291

Poids.

		liv.	onc.	gros.	grains
Myriagramme.	—	20	6	6	63,5
Kilogramme.	Livre.	2	0	5	35,15
Hectogramme.	Once.		3	2	10,72
Décagramme.	Gros.			2	44,27
Gramme.	Denier.				18,827

Décigramme.	Grain.	1,883
Centigramme.		0,188
Milligramme.		0,019

On peut réduire à *huit* les noms génériques du système métrique, savoir: *Myria*, 10,000 fois; *Kilo*, 1000 fois; *Hecto*, 100 fois; *Déca*, 10 fois; *Unité*, 1 fois; *Déci*, le 10me; *Centi*, le 100me; *Milli*, le 1000me.

Réduction des anciennes en nouvelles mesures.

Aune.	1,188	Mètres.
Toise.	1,9484	—
Perche de 18 pieds.	5,8452	—
Lieue commune.	4444,4	—
Lieue de poste parisienne.	3896,8	—
Arpent.	34,166	Ares.
Pinte de Paris.	0,9304	Litres.
Boisseau de Paris.	1,30	Décalitres.
Voie de bois à 42 pouces la pièce.	1,917	Stères.
Livre, Poids-de-marc.	489,146	Grammes.
Carat.	0,2062	—
Grain.	53,075739	Milligrammes.

Réduction des mesures et poids de quelques parties de l'Europe en nouvelles mesures.

Pied anglais	304,7	Millimètres.
— de Castille (Vare.)	836,6	
— du Rhin	313,9	
— de Danemarc	313,9	
— de Vienne	316,0	
— d'Amsterdam	283,0	
— de Suède	297,1	
— de Russie	354,1	
— du Roi	324,7	
Livre d'Angleterre, poids-de-Troyes	372,6	Grammes.
Livre d'Angleterre, poids-avoir-du-poids	453,1	
— de Castille	459,4	
— de Cologne	467,4	
— de Vienne	553,6	
— d'Amsterdam	491,4	

— de *Suède*	424,6
— de Russie	409,5
Livre de Paris, poids de Marc	489,2

Taille de l'homme exprimée en mètres.

4 pieds	6 pouces	1 mèt.	46.
—	7	1,	49.
—	8	1,	52.
—	9	1,	54.
—	10	1,	57.
—	11	1,	60.
5	0	1,	62.
—	1	1,	65.
—	2	1,	68.
—	3	1,	70.
—	4	1,	73.
—	5	1,	76.
—	6	1,	79.
—	7	1,	81.
—	8	1,	84.
—	9	1,	87.
—	10	1,	89.
—	11	1,	92.
6	0	1,	95.
—	1	1,	98.
—	2	2,	00.

4.

Monnaies.

Type. Billets de banque. Valeur des monnaies étrangères.

L'unité monétaire est une pièce d'argent du poids de 5 grammes, au titre de 9/10 de fin, appelé *Franc*, et se subdivisant en *décimes* et *centimes*.

Valeur en livres tournois.

Franc	1 liv.	0 sous	3 deniers
Décime		2	0,3
Centime			2,43

Une lettre de change, ou billet ou autre obligation d'une somme de 100 livres, devra être réduite à 98 Fr. 77 centimes, qui sont la valeur de 100 livres: la valeur du Franc étant à celle de l'ancienne livre tournois, dans le rapport de 81 à 80.

La loi de l'an III. a fixé le titre des pièces d'or à neuf parties de métal pur, et une partie d'alliage. On frappe depuis l'an XI. des pièces d'or de 20 et de 40 *Francs*. Les premiers à la taille de 155 pièces ou kilogrammes, et les pieces de 40 Francs à celle de 77 1/2. Les anciens Louis étaient à la taille de 32 au marc.

Les pièces de monnaie d'argent, d'après la loi sur les monnaies de l'an XI. sont de 1/4, 1/2, 3/4, de *Franc*; d'un, de deux et de cinq *Francs*. La pièce de 5 Francs est à la taille de 75 grammes, ou 471 grains 1/40. En comparant ce titre à celui de l'ancien écu de 6 livres, qui est de 10 deniers 21 grains, il répond à 10 den. 19 gr. 1/3. Le nouveau Franc renferme 93/100 de grain de métal pur de plus que le livre tournois; et leur valeur numéraire comparée, le Franc équivaut 1 liv. 0 sous 3 deniers 145/1000.

Le gouvernement établit pour la fabrication de la monnaie de cuivre, et pour le tems du besoin seulement, des attéliers monétaires. Depuis l'an XI. on a émis des pièces de cuivre pur, de la valeur de 2, de 3, et de 5 *centimes*.

Depuis l'an XI. le type des pièces de monnaie était réglé comme il suit. Sur le devant la tête du premier Consul, avec la légende: *Bonaparte, premier Consul.* Sur le revers deux branches d'olivier, au milieu la marque de la valeur de la pièce, et en dehors la légende: *République Française.* La tranche des pièces de cinq Francs, portait en outre cette légende: *Dieu protège la France.* Sur les pièces d'or et de cuivre, la tête regarda la gauche du spectateur, et sur les pièces d'argent, elle en regarde la droite. Mais depuis que la dignité impériale vient d'être conférée par le Sénatus-consulte organique à *Napoléon* I. l'empreinte porte d'un côté de la face, *Napoléon Empereur*, et les pièces d'or sont communément désignés par le nom des *Napoléons-d'or.*

Les espèces d'or et d'argent de l'ancien régime, les écus dits constitutionels, les pièces de 30, 15, 5 sols, les espèces de cuivre et de billon frappées par ordre de la convention, continuent d'avoir cours dans l'Empire.

selon leur ancienne valeur. Mais les contributions, les patentes, le droit de passe, l'enregistrement etc. doivent être payés en *Francs*, ensorte que 6 livres doivent être remplacées par 6 Francs, ou par 6 livres 1 sol 6 deniers.

C'est *François I.* qui a substitué en 1539 à l'usage dans lequel étaient les monnayeurs, d'imprimer leurs noms sur les espèces qu'ils fabriquaient, celui de n'employer que des lettres isolées, pour marques distinctives des hôtels des monnaies où les espèces seraient fabriquées. C'est ce qu'on nomme le *différent*. La table ci-après indiquera les lettres affectées aux quinze hôtels des monnaies de l'Empire, pour la fabrication des espèces.

Paris. A.
Perpignan. Q.
Bayonne. L.
Bordeaux. K.
Nantes. T.
Lille. W.
Strasbourg BB.
Lyon. D.
Marseille. MM.
La Rochelle. H.
Limoges I.
Rouen. B.
Toulouse. M.
Turin. U.
Gênes. CC.

Valeur des monnaies étrangères, en Francs et Centimes, suivant le tableau comparatif de l' A. J.

	F.	C.
Angleterre.		
Crown, couronne. à 5 shellings.	6.	16.
Shelling.	1.	23.
Autriche.		
Species-Thaler.	5.	27.
Gulden.	2.	63.
20 Kreuzers.	—	44.
Hollande.		
Florin.	2.	17.

	Fr. C.
Stuiver à 6 deniers.	— 65.
Ducat.	6. 88.
Daler.	5. 48.
Loewenthaler.	4. 59.
Danemarck.	
Species-Thaler.	5. 69.
Marc-lubs.	1. 90.
Marc danois.	— 95.
Rome.	
Scudo.	5. 53.
Testone.	1. 66.
Papeto.	1. 11.
Paolo.	— 55.
Espagne.	
Piastre depuis 1772.	5. 44.
Pesetas à 4 réaux.	1. 15.
Réal nuevo.	— 58.
Réal de Veilhon.	— 29.
Hambourg.	
Marc banco.	1. 90.
Marc courant.	1. 55.
Helvétie.	
Ecu de Basle, à 30 batzen.	4. 44.
Florin de Basle.	2. 22.
Franc de Berne, à 10 batzen.	1. 52.
Ecu de Zurich.	4. 78.
Florin de Zurich.	2. 39.
Naples.	
Scudo, à 120 grani, depuis 1784.	5. 12.
Ducato, à 100 grani, depuis 1784.	4. 27.
Taro.	— 85.
Carlino.	— 43.
Portugal.	
Crusado à 480 rees.	2. 93.
Mille rees.	6. 9.
Prusse.	
Thaler à 24 gros.	3. 76.
Groschen.	— 15.

	Fr.	C.
Russie.		
Rouble à 100 kopecks, depuis 1762.	4.	5.
Sardaigne.		
Scudo à 21/2 lires.	4.	76.
Lira.	1.	90.
Saxe.		
Species - Thaler.	5.	27.
Thaler à 24 gros.	3.	95.
Florin.	2.	63.
Groschen.	—	16.
Sicile.		
Onzie à 30 tari, depuis 1785.	12.	80.
Scudo à 12 tari.	5.	12.
Suède.		
Species - daler à 48 schillings, depuis 1777.	5.	79.
Pièce de 10 oers.	—	70.
Toscane.		
Francesconi ou Leopoldini à 10 paoli.	5.	53.
Talleri à 9 paoli.	5.	8.
Testono à 3 paoli.	1.	66.
Paolo.	—	55.
Lira.	—	83.
Turquie.		
Juspara à 21/2 piastres.	5.	2.
Piastre à 40 paras.	2.	1.
Para.	—	5.
Venise.		
Ducato à 8 lire.	4.	24.
Scudo della croze.	6.	56.
Giustina ou ducatone.	5.	82.
Talero à 10 lire.	5.	29.
Osella.	2.	6.
Lira.	—	53.

Depuis la création de la Banque de France l'an XI., il circule des *Billets de-Banque*, qui sont le seul papier-monnaie, qui existe à présent dans l'Empire. Le privilège de la banque est pour 15 ans.

5.

Tableau de quelques villes.

AIX. *Long.* 32° 6′34″. *Lat.* 43° 31′ 35″. *Population*, suivant l'A.-J. 21,009. □ l'Amitié: les préjugés vaincus.

Edifices remarquables. Curiosités. La cathédrale: (ses portes; les fonds baptismaux, plus connus sous le nom de la Rotonde. Cette Rotonde est bien faite dans son genre; il est difficile de l'examiner sans intérêt. Elle est entourée de 8 colonnes antiques, cannelées, d'ordre corinthien, qui faisaient partie d'un temple du soleil. Le monument de *de Vins*, a été détruit, comme tous les monumens des églises d'Aix). — Hôtel de ville: (la tour de la grande horloge, tour antique, attenant à l'hôtel; la fontaine placée au centre de la place de l'hôtel, est formée d'une assez belle colonne antique trouvée dans des fouilles faites près la porte des Augustins. Le mausolée du Marquis d'Argens, élevé par Frédéric-le-grand, et ci-devant aux Minimes, est placé à présent au Musée: Le médaillon est effacé, et l'inscription remplacée par un style sans-culotte.] — Les eaux thermales: (le prix d'un bain est fixé à 30 sols; les eaux minérales se prennent aussi en boisson). — Le cours, ou l'*Orbitelle*: (On lui donne 1300 pieds de longueur. On y a élevé la colonne de la liberté: c'est un double rang d'arbres distanciés de 20 à 25 pas de la file des hôtels, cafés, et maisons qui bordent cette magnifique rue. Quatre fontaines jaillissantes, et qui répandent une forte quantité d'eau, sont placées à des points d'enfilade. Celle du côté de la terrasse est d'eau thermale. Cette terrasse fixe de ce côté cette belle promenade). — L'édifice des bains — le bâtiment de la charité — la fontaine en obélisque (la masse totale fait un bon effet.) — La chapelle du collège: (une annonciation et une visitation de *Puget.*) — *Aix* est le chef-lieu du département des Bouches-du-Rhône, mais l'une des villes de France, qui a le plus perdu par la révolution, et dont la population diminue journellement. L'ancien archévêché est le chef-lieu de la 8 cohorte de la légion d'honneur.

Collections. Cabinets. Le Musée de la Municipalité: ceux de M. *Desnoyers* et de M. de *St. Vincens*, renfermant des riches collections d'antiquités et de curiosités: le cabinet de M. *Magnan*; les cabinets de minéralogie et d'entomologie de MM. *Fons*, *Colombe*, père et fils. [Le célèbre tableau, peint par le Roi *René*, est déposé à l'archévêché.]

Etablissemens littéraires. Le Lycée. — Le cabinet de lecture, au Cours.

Promenades. L'orbitelle. — L'allée, hors de la porte St. Louis. — Au *Tholonet*, lieu charmant, appartenant à M. de *Gallifet.*

Auberges. A l'hôtel du Cours: bonne auberge dans une belle situation.

Commerce. Manufactures. De belles teintures: de l'huile excellente, qui a une réputation méritée sur les huiles de tous les autres pays; mais dont le produit a été extrêmement réduit par l hiver de 1789. Des truffes marinées; des raisins secs; des macaronis; des avelines etc. Ce fut un fabricant, nommé *Nicollon*, qui fit venir il y a 40 ou 50 ans, des ouvriers de Lyon, pour l'établissement d'une fabrique de galons d'or et d'argent, et qui parvint à en faire d'aussi beaux, que ceux de Lyon même. Il se tient à *Aix* tous les ans trois foires de cinq jours consécutifs chacune, l'une dite de la *Fête-Dieu*; on y vend beaucoup de bestiaux de toutes espèces.

Fêtes. Les fêtes locales, qui ont lieu une fois l'année, connues sous le nom *Roumavagi*, les mêmes qu'on nomme *Trin*, dans les environs de Marseille. La procession célèbre, qui se fait ici le jour de la Fête-Dieu, et qui vient d'avoir lieu de nouveau, avec quelques changemens dans le costume et les personnages. La danse des fous a été supprimée.

Distances. Aix est à 9½ postes d'Avignon, 40 de Lyon, 4 de Marseille, 95 de Paris.

Avis. Excursion à *St. Maximin*, et au pélerinage de la *Ste. Baume. St. Maximin* est une petite ville, qui a pris son nom du Saint, qui y est enterré. *Ste. Baume* était une caverne, célèbre par la tradition que *Ste. Madelaine*, soeur de Lazare, s'y soit transportée, pour faire pénitence. Elle a été dévastée par le vandalisme révolutionnaire. Il croît dans les environs une grande quantité de plantes odoriférantes, dont l'odeur emportée par le vent, se fait sentir d'assez loin. — Il faut aussi visiter *Sallon*, petite ville, qui n'est pas fort éloignée d'Aix, et qui est célèbre par le tombeau de *Nostradamus*, fameux thaumaturge du 16me siècle, tombeau détruit par le Vandalisme; c'est aussi la patrie de *Suffren*, dont on montre le buste en marbre dans la maison commune. A *Istres* il y a un rocher isolé, qu'un Ex-Jésuite parent de la famille *Suffren*, fit tailler en forme de vaisseau de ligne, et surnomma *le Héros*, nom que portait le vaisseau-amiral de *Suffren*. La foire de St. Martin, qui se tient à *Sallon*, mérite une mention particulière. Ce qui fixe l'attention du voyageur, c'est la *Crau*, les *campi lapidei* des anciens. C'est une plaine de 6 à 7 lieues d'étendue, toute remplie de cailloux, grands et petits, qui sont accumulés à plusieurs pieds de hauteur, sans être mêlés de sable ou de quelque terre. On s'occupe de son défrichement. La partie *de la Crau* arrosée actuellement par les eaux du canal du *Craponne*, est couverte de fermes connues sous le nom de *mas*. Les fermes et les maisons de campagne, sont désignées sous trois noms dans le département des Bouches-du-Rhône: 1) *bastides*, contrée d'Aix, de Marseille; 2) *mas*, contrée d'Arles, de Tarascon etc.; 3) *granges*, du côté de Nove etc. — A trois lieues d'*Aix* sur la rive gauche de la rivière d'*Arc*, sont les fondemens d'un arc de triomphe, érigé par *Marius*.

AIX-LA-CHAPELLE. *Population* suivant l'A. J. 23,412. ☐ à la Constance: à la Concorde.

Edifices remarquables. Curiosités. La cathédrale: (le tombeau de Charlemagne; on a transporté les 6 colonnes antiques au Musée de Paris; le maître-autel:) — les bains: (le bain de St. Corneille, de Charles, le petit, le nouveau, le bain des pauvres etc. en tout cinq sources minérales, 7 maisons de bain, 32 bains ordinaires et 5 de vapeurs; V. „*D. Kortum*, vollständige physicalisch- „medicinische Abhandlung über die warmen Mineral- „quellen und Bäder in Aachen und Burscheid. Dort- „mund 1798. 8.“). — L'hôtel de ville (Le jugement dernier, tableau par Rubens; un tableau peint par Vandyc, etc. les portraits de Napoléon et de l'Impératrice. La salle où fut tenu le congrès de paix, n'existe plus, et les portraits des ambassadeurs qui conclurent cette paix mémorable, ornent à présent le sallon du tribunal criminel spécial). L'hôtel de la préfecture. — La belle et grande salle de redoute, d'assemblée et de bals masqués — la colonne qui porte le buste de *Napoléon*. —

Manufactures. Fabriques. Des ouvrages de cuivre, de laiton; des fabriques de draps, dits *serrails* et *lon-*

drins, et façon de Louviers, d'épingles, d'aiguilles etc. Les épingles et les aiguilles des fabriques de cette ville ont les qualités et le poli de celles d'Angleterre. On distingue, 1. les *épingles* renforcées façon anglaise; 2. dites repassées; 3. dites boutées; 4. non-boutées; 5 assorties superfines; (prix d'un livre de 14 onces, poids de marc, 3. Liv. 6 sols.) 6. drapières, 7. ordinaires. Les *aiguilles* se distinguent par 1. aiguilles à chasses rondes; 2. courtes et renforcées; 3. nommées à perles; 4. à tapisseries; 5. à l'Y; 6. à la coupe; 7. dito, seconde qualité, marquées Spanish Nadel; 8. à ravauder les bas; 9. à broder; 10. à tricoter; 11. passe-lacets; 12. aiguilles communes à bas.

Etablissemens littéraires et utiles. L'Institut de Joséphine. La société d'émulation; — le cabinet littéraire.

Cabinets. Collections. Les cabinets de minéralogie et de curiosités de M. Lesoine; de M. Meyer, et celui de M. d'Aussem, à Trimborn, à 3/4 lieues de la ville.

Spectacles. Amusemens. Comédie française: les assemblées et les bals qui se donnent à la nouvelle salle: le Vauxhall.

Auberges. Au dragon d'or: à l'hôtel de Hollande: chez MM. Rosbach, van Gulpen etc. (on trouve aussi des chambres garnies à louer dans les grandes maisons des bains).

Environs. La promenade à *Borcette* (*Burscheid*); (joli petit bois; des étangs ou mares d'eau chaude; les ruines romantiques du vieux château de Frankenberg; un aubergiste a eu la bonne idée d'établir sa demeure au milieu de ces murs antiques. Les fabriques de drap et d'aiguilles à *Borcette*; le moulin à polir.)

Le village de *Vaels*, à 1 lieue de la ville sur le cid. territoire de Hollande; ses fabriques de drap; ses teintureries; ses moulins à foulon etc.

Distances. D'Aix-la-Chapelle à Paris 51 3/4 postes; à Liège 5 1/4 p.; à Cologne 8 1/2 p.; à Mastricht 3 p.; à Nimegue 21 p.

Avis. La principale source des eaux thermales à *Aix la-Chapelle*, et qu'on nomme la *grande-source*, sort de terre, à l'est de la maison commune. Ses eaux sont recueillies dans un grand réservoir, couvert d'un dôme, fait de maçonnerie en briques. Une ouverture pratiquée à sa partie supérieure, se ferme au moyen d'une pierre, attachée par plusieurs serrures, dont les muni-cipaux gardent les clefs. On ne l'ouvre que tous les deux ans, pour en tirer le soufre, dont le dôme et la pierre, qui sert de couverture, sont incrustés, et dont la quantité va, après cet espace de tems, à quelques centaines de livres. C'est une cérémonie à laquelle on attache beaucoup de curiosité. On vend ce soufre pour les droguistes et curieux, à titre de *soufre thermal d'Aix-la-Chapelle.*

ANVERS. *Population* suivant l'A. J. 56,398. □ les Amis du commerce.

Edifices remarquables. Curiosités. L'hôtel de ville — la bourse: (avec une belle galerie au-dessous: l'on assure qu'elle surpasse en étendue les bourses de Londres et d'Amsterdam). — L'église cathédrale: (On y compte 213 arcades, 32 autels etc. la tour de cette église s'élève à la hauteur de 380 pieds de Paris, y compris la croix: elle est conséquemment la plus élevée de tout ce vaste horison, et le travail de sa flèche est d'une délicatesse infinie. On rémarque à l'église un excellent tableau, peint par *Herreyas.*) — à l'église de St. Jacques la chapelle de la famille de Rubens, où ce grand peintre est enterré. La maison qu'il habita, existe encore; on y montre plusieurs decorations de statues, exécutées par son ordre. — A l'église des Augustins les tableaux de *Vanbrèç* et de *Cels.* — La salle des spectacles — la citadelle: (construite sur les ruines de l'ancienne, du tems du Duc d'Albe). — La maison dite des *Oosterlingues.* — la place de mer, ainsi appelée, parcequ'elle formait autrefois le bassin du port intérieur. — Les superbes chantiers, et le grand arsenal de marine, construits par ordre de *Napoléon.* — (Il faut s'informer sur les lieux, quelles églises ont été rendues au culte, et quels tableaux les ornent encore, la plûpart ayant été transportées à Paris; mais plusieurs viennent d'être rendus à la ville, de même que le fauteuil de *Rubens*, qu'il occupait à l'académie d'*Anvers.*)

Etablissemens littéraires et utiles. Le cercle littéraire: la société d'émulation: l'académie de peinture: (elle date de l'an 1454.)

Collections. Cabinets. La bibliothèque de la ville. Le Musée (qui ne conserve que deux tableaux de Rubens, mais on y montre quelques tableaux de l'école flamande. Il existe un grand nombre des galeries de tableaux et de collections intéressantes, chez des particuliers : p. e. dans les cabinets de MM. Vanlanker, Vink et Vanhove, quelques bons tableaux de Rubens, de Wouvermans et de Teniers. L'imprimerie du célèbre *Moretus*, existe encore ; on y conserve plusieurs exemplaires des éditions rares, qu'elle a publié, même les types qui y ont servi, et plusieurs portraits, culs de lampe, et dessins, de la main de Rubens.

Fabriques ; Manufactures : de drap, de serge, de coton, d'étoffe de soie noire, dites de *Sailles*, de chapeaux de paille, de cartes à jouer, de fil, de dentelles, de tapisseries en haute-lisse connues sous le nom de Malines etc. Il y a beaucoup de diamantaires et de lapidaires à Anvers. Le commerce reprend son ancienne splendeur par la liberté rendue à la navigation de l'Escaut. La bière que l'on brasse à Anvers, jouit d'une grande réputation. On compte jusques à 800 cabarets. Les tavernes dites *estaminets*, servent de lieu d'assemblée aux hommes des premières classes.

Environs. A la ville de *Malines*, on voit à l'église de St. Romualde, le beau monument des frères Précipiano.

Auberges. Au bon laboureur : à la poste.

Distances. D'Anvers à Paris 41 1/4 postes, à Liège 14 postes, à Bruxelles 8 1/2 postes, à Bruges 12 postes.

AVIGNON. *Long.* 22°. 28'. 42''. *Lat.* 43°. 57'. 25''. *Population*, suivant l'A. J. 21,412. — ☐ les Amis à l'épreuve ; la parfaite union : la réunion bienfaisante : les amis sincères.

Edifices remarquables. Curiosités. L'église cathédrale : (on jouit de la Roque, ou du plateau près de cette église, d'une vue délicieuse. Les monumens et autres ornemens ne montrent que des ruines) — l'église des Céléstins : (le squelette d'une femme, peint par René d'Anjou, a été déchiré par le vandalisme révolutionnaire. La ci-devant église des cordeliers a été détruite pareillement au tems de ce vandalisme, de même que les deux curiosités, que les étrangers venaient y voir, le mausolée du brave *Crillon*, et le tombeau de la belle *Laure*, dont il ne reste plus que la fosse. Dans une petite chapelle obscure, au-dessous de l'arche qui forma l'entrée, et sous une pierre simple, reposa cette *Laure* qui ne pourra mourir, tant que la renommée et les vers de son amant *Pétrarque* survivront. Autour de la pierre étaient quelques caractères gothiques, rendus illisibles par le tems. *François I.* Roi de France, fit ouvrir ce tombeau en sa présence. Quelques petits os, qu'on supposa être de *Laure*, et une boite de plomb contenant un griffonage de vers italiens de *Pétrarque*, était toute la récompense, dont la curiosité du Monarque fut payée. *Laure*, mariée à *Hugues de Sadé*, mourut le 6 Avril 1348. de la peste qui désola alors toute l'Europe.) — La succursale au ci-devant château: [La grosse tour, en face du jardin, est la trop fameuse *glacière*, de 1791. Ce palais, alors le théâtre des horreurs, qui ont donné une si triste célébrité à cette ville, menace ruine, mais la vue du haut de ses voûtes et toits est délicieuse.] — Les murs et les remparts d'Avignon, sont d'une élégance remarquable. — La belle promenade du *Cours*.

Auberges. Au palais royal : (excellente auberge).

Etablissemens littéraires. L'Athénée de Vaucluse: la société de Médecine: la société agricole: la bibliothèque publique : le Musée : les cabinets de MM. *Calvet*, *Quinson*, *Limon*, *Thomas* etc. — (la salle de spectacles est établie dans une ci-devant église.).

Fabriques. De soies; de rubans unis; de bas de soie, taffetas de Florence, très-estimés. Des moulins à organsiner la soie: (la soie teinte à *Avignon*, surpasse en lustre et en solidité de couleur, toutes les autres; on attribue cette qualité aux eaux de *Vaucluse*). Distillateurs d'eau forte etc.

Livres pour guide. Topographie phys. et méd. d'Avignon et de son territoire, par Mr. *Pamard.* Avignon. 1802. [M. *Guerin* s'est occupé d'un livre intéressant, *les tombeaux d'Avignon.*]

Distances. De Paris 80½ postes, de Nîmes 5½ postes (sur cette route, le *pont du Gard*, antiquité Romaine très-remarquable), de Lyon 30¼ postes (V. à l'article de Lyon l'avis important sur le voyage par eau de Lyon à Avignon), de Montpellier, 11½ p. (D'Avignon à Marseille on paye 15 livres pour une place, dans le cabriolet de la diligence de l'Entreprise générale.)

Excursion à la Fontaine de Vaucluse. V. *Description de la fontaine de Vaucluse etc. par* Mr. *Guerin. Avignon.* 1804. 8. Cette petite excursion se fait communément à cheval ou en voiture. Un cabriolet à 2 chevaux se paye, 21 livres, le retour et tous les frais y compris; on donne

3 livres au cocher pour-boire. Il n'y faut guères moins que 4 à 6 heures de marche. Il faut choisir de deux routes celle, qui passe par *Morières*, comme la plus agréable et la plus courte; on peut alors prendre son retour par l'autre, qui côtoye la Durance. Le voyage de *Vaucluse*, dit le P. *Papon*, si on le fait dans la belle saison, sera d'autant plus agréable, que pour y aller, on traverse la plus belle partie du territoire d'*Avignon* et celui de *Lille*, qui est dans une plaine charmante. On passe ensuite dans un vallon, le long duquel s'élève, en fer-à-cheval, une montagne de pierre vive, et l'on arrive par un chemin étroit et pierreux, au pied d'un rocher fort haut et taillé à pic, (élévation du mont *Vaucluse* au dessus de la mer, 2016 anciens p. de Paris.) où l'on trouve un antre assez vaste, dont l'obscurité a quelque chose d'effrayant. On peut y entrer, si l'eau est basse. On y voit deux grandes cavernes, dont la première a plus de soixante pieds de haut sur l'arc qui en forme l'entrée; l'autre paraît avoir cent pieds de large et presqu'autant de profondeur, et n'a qu'environ vingt pieds d'élévation. C'est vers le milieu de cet antre que s'élève, sans jet et sans bouillon, dans un bassin ovale d'environ dix-huit toises dans son plus grand diamètre, la source abondante qui forme *la Sorgue*, et porte bâteau presqu'en sortant du rocher.

Quand elle est dans son état ordinaire, l'eau s'échappe par des conduits souterrains jusqu'à son lit; mais après de grandes pluies, elle s'élève au-dessus d'une espèce de môle qui est devant l'antre, et y forme un bassin dont la surface est unie comme la glace; ensuite elle se précipite avec un bruit affreux à travers les débris des rochers, les blanchit de son écume, et semble faire des efforts, pour fuir vers l'endroit où, ne trouvant plus d'obstacle, elle prend un cours paisible et tranquille. Je l'ai vue dans cet état, et il faut avouer, que le bruit de leau répété par l'écho, l'écume bondissante, la solitude du lieu, l'aridité et la hauteur du rocher, les blocs énormes, qui, étant déjà séparés de la masse par de larges crevasses, sont suspendus sur votre tête, font une impression sur l'âme qu'il faut avoir éprouvée.

L'eau de cette fontaine est claire et pure comme le crystal, et ne forme ni mousse ni dépôt; cependant elle ne vaut rien pour boire, tant elle est crue, pesante, indigeste;

mais elle est excellente pour la tannerie et la teinture, et fait croître une herbe qui a la vertu d'engraisser les boeufs et d'échauffer les poules; propriété dont il est parlé dans *Pline* et dans *Strabon*. Les habitans de *Vaucluse* ne manqueront pas de vous dire, que le vieux château que vous voyez perché sur la montagne inaccessible au pied de laquelle la *Sorgue* serpente, est le château de *Pétrarque*. Ils se trompent; il a de tout tems appartenu à l'évêque de *Cavaillon*, ci-devant seigneur de cet endroit; et le fameux *Philippe de Cabassole*, lorsqu'il occupait le siège de cette église, venait souvent dans ce château pour voir *Pétrarque*, son ami. Celui-ci était logé près du village, dans une petite maison de paysan dont il ne reste plus aucuns vestiges; il la comparait à la maison de Fabrice ou de Caton. Nous invitons les lecteurs, qui sont au fait de la langue allemande, de lire la description charmante de ce voyage, que feu M. *Girtanner* en a publié, dans le Journal de Berlin. On dine ordinairement à *Lille*, dont l'auberge porte les noms de *Pétrarque et de Laure*; on se fait servir des truites, pêchées dans la *Sorgue*, et qui passent pour un mets délicieux; mais il ne faut pas les faire accommoder, comme c'est l'usage. C'est à l'église de *Lille*, que le Poète vit Laure pour la première fois. V. une petite brochure: *Pétrarque à Vaucluse. Paris*. XIII. 8.

BORDEAUX. *Long.* 16° 55' 52''. *Lat.* 45° 50' 18''. *Population*, suivant l'A. J. 90,992. (La ville de Bordeaux est une des premières de l'ancienne France pour la grandeur, les richesses et la beauté: elle est le chef-lieu du département de la Gironde). □ La Française élue, Ecossaise: l'Amitié: la Française d'Aquitaine: l'Anglaise. [Ces quatre loges forment la grande loge Franc-Maçonne; il y a encore cinq □ de St. Jean.]

Edifices remarquables. Curiosités. La cathédrale. (deux bas-reliefs, qui décorent extérieurement le jubé, méritent l'attention par la singularité, qui les caractérise.) — La bourse: (c'est du balcon de la chambre, ci-devant consulaire, que l'on découvre le mieux toute la beauté du port: la richesse de ce point de vue est au-dessus de toute description.) — Le monastère et l'église des ci-devant Chartreux. [Dans la dernière on voyait quelques bons tableaux: elle servait en 1801 de lieu de réfuge aux émigrés de St. Domingue; la violation des tombeaux et la déstruction des chapelles, datent du tems du terrorisme] - l'église gothique de St. Sevrin: (son cimetière a servi de sépulture aux victimes du terrorisme, égorgés en 1792 et 1793 et 1794.) — l'hôpital — la grande salle des spectacles: (au moins le plus vaste, si ce n'est pas le plus commode et le plus beau des théâtres modernes, accompagné d'une charmante salle de concert, environné d'un portique extérieur, servant de promenoir et de foire perpétuelle, que décore un grand ordre d'architecture). le Vauxhall — la douane — l'église de St. Michel: (de son clocher on a la vue sur la ville, et sur une très-belle campagne; mais la plus belle vue est celle prise de la pointe de la bastide, située de l'autre côté de la Garonne.) La belle place de la liberté, ci-devant royale: (c'est sur cette place qu'est le rassemblement des fiacres.) — Le palais archiépiscopal, qui peut être mis au nombre des beaux édifices modernes — la fontaine de Figuero — le port, les quais, et le magnifique demi-cercle, qu'ils décrivent. L'on donne à la Garonne 350 toises de largeur, vis à-vis la place, où était situe le *Château trompette*, et 400 toises vis-à-vis les *Chartrons* — la *porte basse* et le *palais Galien*; restes d'antiquité (les *piliers de Tutele*, autres restes d'un temple ancien, sont démolis.) — le superbe faubourg des *Chartrons*, où l'on jouit de la vue la plus magnifique comme de la plus vaste, et les quartiers de *Chapeaurouge*, de *Tourny*, et toute la *Ville-neuve*, se distinguent par l'élégance variée des maisons, qu'habitent les plus considérables négocians, et par la beauté des places, des rues etc.

Hôtels garnis. (Les plus beaux au faubourg *des Chartrons.*)

Etablissemens littéraires et utiles. Cabinets. La société d'hist. nat. L'école de la théorie du commerce; l'institut des sourds et muets; la société de médecine; l'école de navigation; le lycée; le musée d'instruction publique; la société de litterature et des belles-lettres. (On voit dans la salle, où elle tient ses séances, le monument de *Montaigne*, ci-devant à l'église des feuillans, et le buste de *Montesquieu*; elle possède la grande bibliothèque et le cabinet d'hist. nat. que le Président *Bel* légua en 1738.] Les cabinets de tableaux de M. *Journa-Aubert*, de M. *Möller*, et de M. *Bernard*. —

Promenades. Les anciens fossés; les allées de Tourny; le jardin public ou le champ de Mars; le jardin des frères de la Poterie.

Spectacles. Deux, quelquefois trois; (le public est connaisseur.)

Commerce. Fabriques. La ville de *Bordeaux* a trois principaux objets de commerce: la vente de ses vins et de ses eaux de vie, le trafic qu'elle fait avec les colonies françaises de l'Amérique, et la pêche de la baleine et celle de la morue. L'industrie de *Bordeaux* consiste outre cela en raffineries de sucre, qui passent pour être des meilleures de la France; fabriques d'eaux-de-vie et de vinaigre; manufactures de cadis, d'une fort belle qualité; d'indiennes et de bas; manufacture de fayence; fabrique d'eau forte très-estimée; manufacture de verre blanc de toute beauté; corderies pour la marine. Les foires sont au nombre de deux, qui durent chacune 15 jours; la dernière, au mois d'octobre, est la plus considérable. On distingue les vins proprement de Bordeaux, et les vins auxquels la ville ne sert que d'entrepôt. On distingue ceux du crû de Bordeaux en vins de *Grave*, et vins de *Palud*, selon le sol. On fait beaucoup de cas de ceux *de Médoc*, dont la meilleure qualité est celle de *la Fite*. Parmi ceux de France, qui viennent à Bordeaux, les plus estimés sont les vins blancs de *Langan*, et les vins rouges de *Castres*; parmi les vins d'Espagne, ceux de *Nantaro*. Au reste le commerce de *Bordeaux* n'est plus si florissant, qu'avant la guerre maritime.

Excursion. Au château de la Brède, où *Montesquieu* naquit, vécut, mourut. Ce sont surtout les Anglais, qui aiment à faire ce petit pélerinage philosophique.

Distances. De Bordeaux à Paris par Limoges 73 postes, par Tours 76½, à Lyon 67½ p., à Marseille 86½ L., à Nantes 35½ p., à Pau 29½ p., à St. Malo 62 p., à Toulouse 33½ p., à Brest par Nantes 77 postes. Il est dû à la sortie de Bordeaux une demi poste en sus de la distance.

Avis. Pour se rendre de *Bordeaux* à *Bayonne*, une place dans la diligence, qui fait le trajet en 3 jours, coûte 70 francs.

BREST. *Long.* 13° 9′ 10″. *Lat.* 48° 22′ 55″. *Population*, suivant l'A. J. 25, 865. — □ les élus de Sully: l'heureuse rencontre.

Edifices remarquables. Curiosités. Le parc et les

chantiers de construction — la corderie — la voilerie — les magasins d'approvisionement — *les forges* — la fonderie — les arsenaux — le bagne des forçats — les casernes — le pavillon d'étude et le dépôt des plans — l'hôpital — le cours de la réunion, où l'on devoit placer la statue de Neptune. — L'école de navigation.

Distances. De Brest à Bordeaux 79¼ p., à Paris 74½ p. (L'on paye à l'entrée et à la sortie de Brest, une demi-poste en sus de la somme portée dans le livre de poste).

Note. L'entrée de la rade est très-difficile et étroite, ce qui lui a fait donner le nom de *goulet*. Brest vue de l'entrée de la baie, se développe agréablement; sa position amphithéâtrale la fait paraître beaucoup plus considérable qu'elle n'est en effet, et les ouvrages des fortifications, entremêlés de jardins et de jolis petits pavillons de plaisance, produisent un coup d'oeil des plus intéressans: aussi a-t-il fourni au célèbre *Vernet*, le sujet d'un de ses plus beaux tableaux. Près de l'entrée du port est un pont-volant, c'est-à-dire, une caisse pour 5 à 6 personnes, suspendue par des poulies et un cable, que l'on attire de la côte au fort, ou du fort à la côte, au moyen d'une corde mise en jeu par un cylindre. Outre le commerce, que les embarquemens de la marine entretiennent à Brest, il s'y pêche de la sardine, du maquereau etc.

Spectacles. Comédie française: (la salle est jolie et le public connaisseur.)

Distances. 125 lieues de Paris: 75 de la Rochelle: 100 du Bordeaux: 90 du Havre: 50 de Rennes.

BRUXELLES. *Long.* 22° 1' 15''. *Lat.* 50° 50' 59''. *Population*, suivant l'A. J. 66,297. — □ les Amis philanthropes: la candeur: l'espérance: la paix: les vrais Amis de l'union.

Edifices remarquables. Curiosités. L'hôtel de ville (et sa tour gothique, *haute de* 364 *pieds; l'oeil se repose* avec complaisance sur le travail et les formes de cette tour, qui ne sont pas *exécutées* sans goût) — la salle des spectacles — l'arsenal — le temple de la loi, avec sa belle façade, ci-devant une église, sur la place de la liberté — l'église de Ste. Gudule: (au mausolée de la dame Schotti, le portrait de Rubens peint par van Dyk et l'un des beaux ouvrages de ce maître); — l'église des Augustins; (on vante beaucoup son portail) — l'hôtel d'Aremberg: — le ci-devant palais des états: — le ci-devant palais du gouverneur-général, où se trouvent à présent le Lycée et le Musée: — l'église des Capucins: (on dit, que c'est la plus belle que cet ordre possédait en Europe) — le Parc avec une superbe rangée de palais et de belles maisons, et la promenade du parc: (on y montre un bassin d'eau, orné d'une inscription latine, qui raconte, que Pierre-le-grand tomba dans ce bassin, *libato vino*): — la grande et la petite place du Sablon, et la fontaine, que Mylord Bruce y fit ériger à ses frais en 1751: — le canal (l'un des beaux ouvrages du département.) — On s'informera sur les lieux, quels tableaux ont été transportés à Paris.

Etablissemens littéraires. Les sociétés d'émulation; d'histoire naturelle; de Médecine; de littérature; et le lycée; — la bibliothèque centrale, contenant 120,000 volumes et nombre de manuscrits de prix; p. e. de Virgile, de Lucain, de Silius Italicus, et le Musée, avec la galerie de tableaux. — Le cabinet littéraire de *Hornier.*

Auberges. A l'hôtel de belle vue: au Prince de Galles, proche du Parc, à l'hôtel de Flandres: (excellentes auberges).

Spectacles. Divertissemens. Comédie française — les promenades sur les remparts, au parc, à l'allée verte, et celles en voitures à *Tivoli* et à *Frascati*, lieux de plaisance.

Fabriques. Manufactures. De dentelles et de points de Bruxelles; de camelots (longtems la première manufacture de l'Europe); de galons d'or et d'argent; de blondes; d'indiennes; d'étoffes de soie et de la laine; de cartes à jouer; de pipes: de tapis de haute-lisse; de porcelaine; de fayence; de marchandises de mode et de luxe etc.; papiers de teinture; huile de vitriol et eau-forte; verrerie à bouteilles; fer battu et blanchi etc. etc. Les magasins et l'attelier de M. *Simon* le cadet, carossier renommé. La foire se tient le 8. octobre.

Livres à consulter. Coup d'oeil sur Bruxelles, ou petit nécessaire des étrangers. Avec le plan de la ville. A Bruxelles 1804. 12.

Distances. De Bruxelles à Paris, 37¾ postes; à Mons 8 p., à Givet 13¾ p., à Ostende 15½ p., à Liège 11¾ p., à Mastricht 12 p.

COLOGNE. *Long.* à l'obs. 24°35'0''. *Lat.* 50°55'21'' *Population*, 40,400. — ☐ aux trois Rois.

Edifices remarquables. Curiosités. L'église cathédrale de St. Pierre: (le choeur d'un aspect imposant; la grande table du maître-autel; le reliquaire des trois rois; le vestibule; les peintures de vitreaux. Cette église, monument de la belle architecture gothique, mérite d'attirer toute l'attention du voyageur. Elle n'a pas été finie, mais l'on montre le modèle.) — l'église des 11,000 vierges: (avec leurs ossemens, que l'on voit encore. D'anciens tableaux représentent le voyage par mer de Ste. Ursule, et par un hazard des plus singuliers, le vaisseau porte le *pavillon tricolore.*) — le chapître de St. Géréon et sa coupole; l'église est une des plus belles — l'église des Minorites (*Duns Scotus* y est enterré) — l'hôtel de ville (portail superbe; on remarque la salle hanséatique). — Ste. Marie du Capitole: (sur la place de l'ancien Capitole Romain). — L'église de l'Ascension; (ci-devant des Jésuites; bel édifice.) — Ci-devant on comptait à Cologne 260 églises et chapelles, et 37 couvens; la révolution a considérablement diminué ce nombre. — L'arsenal — la bourse ou le *Gurzenich*, avec son sallon immense et antique — la place neuve et ses allées superbes — la maison de *Scholgen*, (lieu de naissance de Rubens; la reine Marie de Médicis y est morte] — l'hôpital de St. Cécile et les ci-devant palais des électeurs — 12 hôpitaux.

Etablissemens littéraires. Cabinets. La société d'émulation. L'école secondaire, au ci-devant collège des Jésuites, son jardin botanique, sa bibliothèque et ses collections, remplies de curiosités, p. e. l'armure gigantesque de Jean de Werth etc. (le cabinet d'estampes de la ci-devant université a disparu; de même que plusieurs manuscrits précieux et antiquités rares.) — les instituts d'éducation de MM. Schug et Geismann, des demoiselles Schoen et Miller etc. — Les microscopes et les ouvrages en cire de Mr. *Hardi.* Les cabinets de MM. Wallraf et Schulgen; le médailler de M. de Werle; les galeries de tableaux de MM. Werle, Wallraf et Livensberg. — Chez Charles Noeggerath et fils, on trouve des minéraux à vendre et à trocquer.

Fabriques. Manufactures. De dentelles, de tabac, de rubans, de bas de laine tricotés etc., de cette liqueur spiritueuse, appelée *eau de Cologne*, dont l'emploi est à juste titre accrédité en Europe par une multitude d'usages, chez Farina et *Zanoli:* de fayence, de cartes à jouer, de chapeaux, de papiers etc. La grande fabrique du bureau de bienfaisance.

Auberges. Au St. Esprit; (auberge renommée sur le Rhin). — à la cour impériale (dans la ville; fort bonne; le Casino s'y trouve et s'assemble les lundis) — au grand Rheinsberg; (très-belle vue sur le Rhin.) — à la cour de Prague.

Distances. De Cologne à Coblence, 8½ postes, à Nimègue 16, à Aix-la-Chapelle 8½, à Amsterdam 24, à Paris 51, à Liège, 14.

Notices. Le jardin de Monheim, où se donnent les bals masqués: l'établissement de bains, chez Stuff; l'académie de musique chez M. Meurer; le concert des amateurs chez M. Drewer; les assemblées au *Thurmchen*, ou à la tourelle. — A quatre lieues de Cologne, dans les environs de *Bruhl*, (château qualifié du nom de la principauté d'Ekmuhl.) et de *Liblas*, on trouve les mines de *Tuffa*, connue sous le nom de *terre d'ombre*, ou *terre brune de Cologne*. Le pavé de la ville de Cologne est tout en basalte. On compte à Cologne 7404 maisons; la ville a 6128 enjambées, chacune de 5 pieds, de circonférence; il faut 3 heures de tems, pour en faire le tour, ses murs sont garnis de 83 tours et de 13 grandes portes. On garde dans les archives de l'hôtel de ville trois lettres authographes du grand *Turenne*. — Il y a sur la rive droite à *Deutz*, qui vient d'être réuni, une bonne auberge. Le pont volant, qui sert de communication entre *Cologne et Deutz*, est fort grand, et fait d'une heure à l'autre, le trajet entre les deux rives. — Il y a cinq gazettes politiques à Cologne.

GENEVE. Sa population est suivant l'A. J. de 22,750 âmes; et l'on en compte 3 mille dans les districts, qui sont sous ses loix, les uns à l'est, et les autres à l'ouest. (*Long.* 23° 48′ 30″. *Lat.* 46° 12′ 17″). — □ la franche Amitié: l'union des coeurs: la parfaite égalité: la triple union et amitié: les amis sincères: l'heureuse rencontre, loge allemande: la bienfaisance. (Ces sept loges forment aussi la Loge provinciale).

Cette ville, que la réformation et les grands hommes, qui lui ont dû leur éducation, ont rendu célèbre ainsi que l'énergie qu'elle a montrée dans tous les tems pour le maintien de son indépendance, est dans la position la plus belle que l'on puisse voir. Son beau lac, les côteaux qui la dominent, l'aspect de la chaîne des hautes

Alpes et du fameux Mont Blanc, présentent des points de vue aussi variés que magnifiques. Le haut de la ville est remarquable par de très-belles maisons dont l'ensemble les ferait prendre pour des palais. Telles sont les maisons *Tronchin*, *Boissier*, *Sellon*, *de Saussure* et autres sur la même ligne; c'est dans cette partie que l'on voit *l'hôtel de ville* et la *cathédrale* dont la façade en marbre est une copie du Panthéon.

Genève république s'est fait admirer par ses loix, par ses réglemens, et surtout par des établissemens de tous genres, tels que le Collège, l'Académie, une bibliothèque de 40 mille volumes et de précieux manuscrits dont nous avons le catalogue rédigé par feu le savant *Sénébier*. L'Académie a eu des savans dans tous les genres, des *Calendrini*, *Burlamaqui*, *Tronchin*, *Pictet*, *Sullin*, *Turretin*, et avant eux *Calvin* et *de Bèze*, et de nos jours, les *Bertrand*, de *Saussure*, *l'Huillier*, *Mallet*, *Bourrit*, *Pictet*, et dans la classe des Ecclésiastiques *Vernet*, *Claparede* etc. Elle a eu aussi de grands prédicateurs dans les Pasteurs *Vernes*, *Romilly*, *Reybaz*, *Juventin*, de *Cointe*, et il en est qui acquièrent tous les jours de la réputation et qui contribuent à y maintenir les bonnes moeurs. Parmi les savans qu'elle possède encore, on distingue Mrs. *le Sage*, *de Luc*, *Berenger*. Enfin, c'est dans son sein que sont nés *Rousseau*, *Bonnet* et *Necker*.

Genève, devenue *française*, a conservé par un traité les principaux établissemens qui ont fait sa gloire, les fonds qui les soutenaient sont entre les mains des Genévois, le Culte, le Collège, l'Académie subsistent, et les hommes sages et instruits qui savent quelles ont été les sources de la prospérité de leur patrie, souhaitent ardemment la conservation de ces établissemens. Il y a une société d'hist. naturelle, et une de littérature et des sciences. *L'Ecole de Dessin* prospère; des Peintres, des Dessinateurs en assurent les succès. L'on y voit quelques beaux tableaux de Mr. *Delarive* et *Saint-Ours*, le premier en paysage, le second en histoire. A ces deux artistes du premier rang, ajoûtons MM. *Constantin* et *Vaucher*; *Toepfer*, supérieur dans la carricature; *Agasse*, élève de Vernet le cadet; *Massard*, peintre de portraits; *Linck*, graveur et dessinateur; *Bouvier*, *Jacquet*, sculpteurs, et les Dem. *Sellon d'Allemand*, dont le père est riche en tableaux de toutes les écoles. Les tableaux des

Alpes

Alpes se voient chez l'auteur des descriptions des glaciers et sont peints par lui même. Mr. *Bourrit* outre les six volumes de descriptions, a encore publié un *Itinéraire de Genève et de Chamouni*, livre indispensable aux étrangers qui veulent connaître tous les établissemens de cette ville et visiter les glaciers des Alpes.

On trouve aussi chez Mr. *Monty*, à l'hôtel de ville, des cartes, atlas, gravures, vues coloriées et de bons instrumens de physique. L'on connait le cabinet de peinture de Mr. *Tronchin* aux Délices, mais il en est un autre des plus grands maîtres chez Mr. *Meister*.

Enfin les étrangers ont à voir de beaux cabinets chez Mr. le Docteur *Jurine* et chez Mr. *De Luc*. Le riche cabinet de Mr. *de Saussure* a fait long-tems l'admiration des connaisseurs, cet homme célèbre est mort à l'âge de 59 ans, ses voyages aux Alpes se lisent avec fruit. M. *Bourrit*, qui l'a souvent accompagné dans ses voyages vit encore, et quoique parvenu à un âge avancé, continue ses courses alpines.

Tel est l'état actuel de Genève. L'Horlogerie, la Bijouterie, la Jouaillerie, l'Imprimerie, les Fabriques de toiles peintes et le commerce de Banque, concourent avec les établissemens dont nous venons de parler, à faire de cette ville l'une des plus civilisées et des plus commerçantes.

Pensions. De MM. *Duvilard*, *Dejoux*, *Vaucher*, et sur-tout la pension justement accréditée de M. *Gerlach* etc.

Auberges. A l'écu de Genève: (bonne auberge; il faut choisir de préférence, les appartemens, qui donnent sur le lac) — aux balances (près de la place de Belair) — aux Sécherons, ou à l'hôtel d'Angleterre, hors de la porte: très-bonnes.

Excursions dans les Environs. 1. A *Ferney*, à 1½ lieue de Genève; (il est rentré dans la famille, dont Voltaire l'avait acheté, les appartemens au rez-de-chaussée du château sont dans le même état, que du vivant de Voltaire. On remarque dans la salle à manger du château un tableau satyrique, où les démons donnent les étrivières à *Fréron*.) — 2. Sur le *Salève*; (3072 pieds au-dessus du lac). — 3. Sur les *Voirons*; (le sommet de 3,114 pieds au-dessus du lac). — 4. Sur le *Môle*; (pour y monter il faut se rendre à *Bonneville*, à 5 lieues de Genève. Elévation 4560 pieds, au-dessus du lac.) — 5. Sur le *côteau de Boisy*, en Savoie; (élevé de 1100 pieds au-dessus du lac. On peut faire commodément cette petite course en un jour.) — 6. Sur la *Dôle*; (3924 pieds au-dessus du lac. V. aussi à la page suivante la note sur la route à Morez.) Comme il faut prendre, pour bien jouir de la vue, l'instant du lever ou du coucher du soleil, on ne peut pas employer moins de 2 jours pour cette course. La chaîne des Alpes qu'on y découvre, a une étendue de près de 100 lieues. — 7. Voyage à Chamouny; (V. Itinéraire de la Suisse.)

Distances. De Genève à Besançon 21 postes, à Chambéry 11¾ p., à Paris par Dijon et Moréz 62¾ p. (La route traverse le Jura, et on trouve partout des sites romantiques et des curiosités à remarquer. A *la Cure*, on peut monter en 2 h. de tems au sommet de la *Dôle*, pour jouir d'une vue alpine et célèbre. Dans les environs de *Morez*, on fabrique beaucoup de montres, de tourne-broches, et autres ouvrages en fer et acier. A la poste de la *Maison neuve*, il y a une belle chûte d'eau; à *Champagnole*, la grotte de Balerne; à *Poligny*, les chambrettes, où les restes d'une belle mosaïque antique, décrite par le comte de Caylus; à *Dôle* les grottes de Jonhe, la source sulfureuse, près d'un ancien couvent, la belle promenade des ormes etc. *V. Streifereien durch den franz. Jura, von Ulysses von Salis. Winterthur* 1805. 8.) — à Grenoble 18¾ p., à Lyon 20 p., à Lausanne, 9 heures Suisses, une journée de voiturier; à Berne, 24 heures Suisses, 2 journées ½. De Genève à Turin, on peut voyager commodément et à bon prix, avec la diligence nouvellement établie.

LIEGE. *Population*, suivant l'A. J. 50,000. □. à la parfaite intelligence.

Edifices remarquables. Curiosités. La cidatelle démolie, (remarquable par la très-belle vue, dont on y jouit) — l'hôtel de ville — les fontaines: (celle, élevée à-peu-près au centre de la grande place, mérite une attention particulière) — la belle vue du haut de la montagne des ci-devant Chartreux, où l'on voit presque toute la ville à ses pieds — le quai le long de la Meuse — le pont qui traverse la Meuse. — *Liège*, ses églises, et ses édifices, ont beaucoup souffert dans les premiers tems de la révolution, soit par la guerre, soit par le Vandalisme.

Auberges. A l'aigle noir; à la cour de Londres etc.

Etablissemens littéraires. Le lycée.

Promenades. Celle, dite *Cornemeuse*, est certainement belle, riche et variée.

Distances. De Liège à Paris 35 1/4 postes, à Mastricht 3 1/4 p., à Bruxelles 11 3/4 p., à Aix-la-Chapelle 5 1/4 p., à Anvers 14 p. Il est dû un quart de poste en sus de la distance sur toutes les sorties.

Fabriques. Manufactures. De draps; de serge, de mégisserie; de montres; de fayence; d'ouvrages en fer, en acier, en quincailleries; de coutelas et couteaux (dits, pour les colonies); de cuirs; de cloux; d'armes (qui conservent encore leur réputation, et une supériorité éminente). De plus, d'havresacs, de gibernes, de tricots. Au village de *Glons*, à deux lieues de Paris, une fabrique de chapeaux de paille, qui vont à Paris.

LYON. *Long.* à l'observatoire 22° 29′ 15″ (de l'isle de Ferro.) *Lat.* 45° 45′ 52″. *Population*, suivant l'A. J. 88,919. (Ci-devant seconde ville de l'ancienne France pour la beauté, le commerce et les richesses.) ☐ St. Napoléon: de la bonne amitié: la candeur: l'harmonie parfaite: le silence parfait: la sincère amitié.

Edifices remarquables. Curiosités. Le palais de la préfecture, ou l'ancien hôtel de ville (on y montre un taurobole antique, bien conservé. Des trois tables de bronze sous le vestibule, sur lesquelles était gravée la harangue, que l'Empereur Claude prononça dans le Sénat romain en faveur de la ville de *Lyon*, l'une a été détruite, dans les tems du vandalisme révolutionnaire, par les boulets de canon. On y voit aussi les deux statues célèbres de *Coustou*. Les salles sont décorées de tableaux de *Blanchet*. La façade, le frontispice et le portail sont superbes. Ces salles et les souterrains de l'hôtel servirent de prison à un grand nombre d'infortunés de tout sexe et de toute âge, *immolés par le terrorisme* de la révolution. On distingua alors ces souterrains par les surnoms de mauvaise et de bonne cave parceque la première ne recevait que ceux qui devaient périr par le fer ou le feu.) — La salle du spectacle; (vaste et belle) — la bourse ou la loge du change — l'hôtel Dieu; [du milieu du dôme on voit les lits les plus éloignés]. — l'hôpital de la charité, d'une étendue extraordinaire — l'église de St. Paul: (le tableau du maître-autel est de *le Brun*.) — l'église de St. Jean, et ses portes — la façade de celle de St. Just — l'église des ci-devant Feuillans : (ou réposent les cendres de *Cinq-Mars et de Thou*, que *Richelieu* fit exécuter sur la place des Terreaux) — de St. Nizier : (construite au 4me siècle) — d'Ainay : (les 4 colonnes de marbre granit qui soutiennent le petit dôme, et qui, dans leur origine fesaient partie d'un autel, dédié à Auguste ; le bas-relief antique au-dessus du principal portail) — la ci-devant église des ci-devant Chartreux, dans une belle exposition ; des terrasses du jardin, (on domine la ville, et on jouit d'une vue superbe) — la ci-devant chapelle de *Gonfalons* ; (le très-beau tableau de *Rubens*, placé dans le sanctuaire à gauche ; il représente le sauveur à la croix. Pour voir ce tableau dans son jour le plus beau, il faut y aller l'après-midi. Au reste nous ignorons si toutes ces églises et ces tableaux sont rendus au culte) — les ruines d'un ancien aqueduc (l'un des réservoirs est encore assez entier, on l'appele la *grotte Baselle*) : — *l'hospice de l'antiquaille* est à l'emplacement des restes d'un ancien palais Romain, et renommé par la belle vue dont on y jouit, et qui s'étend jusqu'au Grand-Bernard ; c'est le *Panorama de Lyon*. — Les moulins pour l'organsinage et le dévidage des soies, à l'hôtel de Milan : c'est un spectacle vraiment imposant et unique, que de voir des milliers de bobines et de dévidoirs, se garnir et dégarnir, comme par des mains invisibles ; leur bourdonnement ressemble au bruit d'un cataracte.) — la maison de l'abbé *Rozier*, *le Columelle des François*, rue de Maçons : [on la reconnait à la devise, écrite sur la porte : *Laudato ingentia rura etc.*] — les places des *Terreaux* et de *Napoléon* ci-devant Bellecour ; (au milieu de la dernière, un monument en l'honneur de l'Empereur, alors premier Consul, qui posa à son retour de la bataille de Marengo, la première pierre pour le rétablissement de cette place, dévastée par le vandalisme révolutionnaire : ce monument remplace la statue équestre de Louis XIV. La place *des Terreaux* est devenue célèbre par les guillotinades d'un grand nombre d'innocens, dont le sang ruissela jusques dans les caves). — Les ruines majestueuses de *Pierre en-cise* : (ancienne prison d'état, couronnée par une grande tour ronde, dont les proportions étaient d'une *symmétrie frappante* ; *on y monte* par 120 marches, taillées dans le roc. La vue est magnifique et très-étendue.) —

Promenades. La terrasse des Fourvières ; les allées

de Belle - cour; les quais de la Saone: l'allée Perrache : (On apperçoit du quai superbe du Rhône, le *Mont-blanc*, par un tems clair, et de l'autre côté du fleuve, les *Brotteaux*, tristement célèbres par les mitraillades et fusillades de *Collot d'Herbois* et d'autres terroristes de sa trempe. Que de valeur, de vertus, de talens, sont cachés sous cette terre!! *L'on jouit d'une vue fort riche* sur la hauteur de *Fourvières*; surtout de la tour d'une petite chapelle. Le chemin est pénible, mais la belle vue dédommage amplement. Cette montagne de *Fourvières* renferme encore dans son sein des marques du grand incendie, sous le regne de *Néron*, et dont parle *Sénéque*. On y trouve des monceaux de charbon, des métaux fondus, *des vases brisés etc.)*

Spectacles. Amusemens. Le grand spectacle: le théâtre des variétés: (le public de Lyon est connaisseur, et ses théâtres, comme ceux de Bordeaux, ont fourni les premiers sujets aux théâtres de Paris) des concerts, des cercles etc.

Collections. Cabinets. La bibliothèque et le cabinet de la ville; [c'est l'un des plus beaux vaisseaux, qui se voient en Europe:] le Musée ou le Conservatoire des arts: la collection d'antiquités Gauloises, chez M. le professeur *Rivoil*: les deux cabinets d'antiquités Romaines, chez M. *Artaud*, garde du Musée, et chez M. le peintre *Richard*. Le cabinet de M. de *Boissieu*.

Etablissemens utiles et littéraires. Le lycée: [le plus beau et le plus vaste pensionnat de l'Empire:] l'école vétérinaire: *l'Athénée: la société d'agriculture*: la société du commerce et des arts: la société de medecine.

Auberges. A l'hôtel des ambassadeurs, place Bellecour: à l'hôtel de Languedoc, quai de la Saône; à l'hôtel de l'Europe; à l'*hôtel des Célestins*; à *l'hôtel de Milan*; au Parc; [très-bonnes auberges.]

Fabriques. Manufactures. Les gros de Tours, brochés en or et argent; les satins cannelés, soie et or; les cirsakas, étoffes en dorure passées au cylindre; les taffetas brochés en or et argent; les velours frisés; les taffetas façonnés, chinés, brillantés; les moires et damas; les gros de Naples etc. les bas de soie; la bonnêterie; la chapélerie; l'épicerie; les galons; les rubans et passemens etc. Le tirage de l'or est aussi une opération intéressante, qu'on n'a point occasion de voir par tout, et qui s'opère ici supérieurement: (La qualité des étoffes et la beauté des dessins, qui se fabriquent et s'exécutent à Lyon, sont généralement estimés. Pour être admis comme spectateur au travail des ouvriers il faut s'adresser au maître de la fabrique, qui vous fait accompagner par un de ses commis. Avant la révolution on comptait 22,000 ouvriers en soie; en 1801, seulement 5000).

Livres à consulter. Almanach histor. et polit. de Lyon. (Et sur les événemens qui ont précédé ou suivi la catastrophe du siège de Lyon en 1794, *l'Histoire du siège de Lyon* depuis 1789 jusqu'en 1796 *accompagnée d'un plan de la ville.* T. 1. 2. A Paris chez *le Clerc*, et à Lyon chez *Daval.* 1797. 8. Consultez aussi le *Tableau des prisons de Lyon*, par *Delandine*, ci-devant bibliothécaire. A Paris 1797. Car c'est une lecture qui remplit l'ame du plus vif intérêt.)

Distances. De Lyon à Paris 1) par Melun, Auxerre et Autun. 58½ p. 2) par Joigny, Dijon et Châlons 62¼ p. 3) par Nevers et Moulins, 59 p. 4) par Troyes, Dijon et Macon, 62 p. De Lyon, à Strasbourg, 53¾ p. à Chambéry, 14¼ p. à Grénoble, 13½ p., à Montpellier, 39¼ p. à Genève, 20 p., à Avignon 30¼ p. (à l'entrée de Lyon, il est dû une demi-poste au delà de-la fixation ci-dessus; et une poste entière, à la sortie.)

Avis. On peut faire le voyage à *Avignon* sur le *Rhône*, et par la coche d'eau; mais comme elle reste 3½ jours en chemin, il vaut mieux frêter une barque ou bâteau de poste, pour son propre usage. On la loue, y compris le transport de la voiture et des malles, à peu près pour le prix de 6 à 8 Louis, et on fait ce voyage en deux jours: quelquefois une seule journée suffit. Mais ces bâteaux sont souvent dans un état, qui fait courir des risques aux étrangers, qui s'y fient. Car cette navigation sur le Rhône, n'est nullement exempte de dangers.

Mélanges. La rue, la belle cordière, porte ce nom, en mémoire de *Louise Labé*, célèbre beauté et femme bel-esprit du 16 siècle. Dans le faubourg de Vaise est situé le couvent des deux amans, ou le tombeau *d'Amandus* et *d'Amande*, que le célèbre *Yorik Sterne* a immortalisés par un chapitre de son roman, *Tristram Shandy*. Les marrons de Lyon sont renommés. Il y a à Lyon une petite poste, et des bureaux d'agence.

MARSEILLE. *Long.* à l'obs. 23° 1' 46'' (Isle de Ferro) *Lat.* 45° 17' 43''. *Population*, suivant l'A. J. 96,413. □. 13. l'aimable sagesse: les amateurs de la sagesse: les amis de l'aimable sagesse: les disciples de St. Jean: l'amitié: les disciples de Salomon: l'étroite amitié: la Française de St. Napoléon: les frères unis: la parfaite sincérité: la réunion des amis choisis: la triple amitié: la triple union.

Edifices remarquables. Curiosités. La maison commune: — la bourse. [L'écusson des armes du roi en marbre, exécuté par *Puget*, morceau d'un fini rare, était placé sur la porte extérieure de la bourse, qu'on nomme ici *la loge*. Le tems de la bourse, dure depuis 2 jusqu'à 4 heures et 1/2. Le son d'une cloche et les roulemens d'un tambour en annoncent la fin. *On trouve affiché* à la bourse, le départ des vaisseaux, qui mouillent dans le port.] — l'église cathédrale, la plus ancienne des Gaules: (elle renferme trois tableaux de *Puget*, et quelques figures, faites d'une espèce de majolica, et qui méritent de fixer l'attention.) — les ci-devant grands-Carmes: (la boiserie et la sculpture du choeur) — l'arsenal — le théâtre: (ses revenus annuels montent communément à 300,000 livres; la salle est une des plus belles de la France) — la salle du concert — l'hôpital — la corderie — St. Victor: (l'église inférieure, les tombeaux antiques, le cloître bâti d'anciens édifices profanes et sacrés, les inscriptions) — la colonne avec le buste de *Napoléon* — la colonne élevée en 1802, en mémoire des secours obtenus par le Pape et un corsaire Tripolitain, durant la peste de 1720 — la fontaine avec la colonne élevée à Homère par les descendans des Phocéens — la Consigne: (le fameux bas-relief de la peste, aussi par *Puget*) — la fontaine et la maison, qu'habita *Puget*; on y remarque son buste, et plusieurs ouvrages en sculpture; un apoticaire en est à présent le propriétaire — la ci-devant Chartreuse: (à une demi-lieue de la ville) — le lazaret, où les vaisseaux font la quarantaine, l'un des plus beaux de l'Europe — le château d'*If*, sur un îlot: (il faut y aller, pour jouir de la belle vue du port et de la ville. Dans la chapelle se trouve en dépôt le corps embaumé du général *Kleber*, assassiné en Egypte —) (la ville neuve a des rues larges et bien alignées, avec des trottoirs.)

Promenades. Les allées du Meilhan: *le cours*: (surtout les dimanches et vendredis au soir; le cours est une des plus belles rues que l'on puisse voir. Au milieu sont deux rangs d'arbres, avec des bancs de pierre, et de chaque côté des bâtimens symmétriques, d'une architecture imposante.) — Le jardin de la ci-devant intendance. — La promenade sur les quais du port, surtout aux heures des assemblées à la bourse. Le *pavillon Chinois*, est le café le plus fréquenté.

Etablissemens littéraires. Cabinets. L'athénée; la société de Médecine; l'académie des sciences; la société de l'Afrique intérieure; le lycée. La bibliothèque publique; le musée; le jardin de Naturalisation; l'observatoire de Marine; le cabinet phelloplastique de M. *Stamati.*

Spectacles. Amusemens. Le grand spectacle, au grand théâtre. Le théâtre national, ou le théâtre des variétés: (salle neuve et jolie; les décorations, les costumes, tout y est beau et bien fait.) — les concerts. — le cercle: (société, où les étrangers sont admis tous les jours; mais il faut y être introduit par un membre) — les parties de plaisir, samedis et dimanches, aux maisons de campagne, ou *bastides*, — les fêtes locales connues sous le nom de *Trin*, et qui ont lieu une fois l'année. Les fêtes de Noël, de la veille des Rois, de la belle Etoile, et de la St. Jean.

Fabriques. Manufactures. De fer battu: de savon: (les plus renommées de toutes celles qui existent, particulièrement de savon marbré) de fayence et de porcelaine; de bonnets, façon de Tunis; de liqueurs et de parfums; de toiles peintes; de tapisseries, dites *de l'arsenal*, imprimées à l'huile sur toile, et finies au pinceau, les unes en façon de damas et autres étoffes à plat, les autres en camaïeu imitant la peinture, d'autres à ramages, guirlandes, paysage, figures européennes et chinoises. Des blancheries de cire du Levant. Des raffineries de sucre, de soufre, d'alun, de colle-forte, du sumac, etc. La préparation des salaisons; telles que le thon mariné, les anchois, capres, olives etc. La fameuse manufacture de corail, [il y a des colliers au prix de 6 jusqu'à 500 francs.] — Il faut du tems au commerce de *Marseille*, jadis si florissant, pour se relever. Non loin de *Marseille* est le port de *St. Chamas*, petite ville, qui s'est rendue maîtresse du commerce des olives préparées, et connues sous le nom *d'olives à la Picholini.*

Auberges. A l'hôtel des étrangers: à l'hôtel des ambassadeurs, et principalement à l'hôtel de Beauvau:

(tout voisin du port, et dans une belle situation). On ne dine à table d'hôte, que vers les cinq heures.

Plan. Plan géométral de la ville de Marseille par M. Roullet. 1786.

Distances. De Marseille à Paris 102¼ postes; à Toulon 7½ p., à Lyon 44 p., à Aix 4 postes. Il est dû une demi-poste en sus de la distance, pour les sorties.

Mélanges. Il y a à *Marseille* une petite poste aux lettres, qui compte 54 bureaux. Le coup d'oeil de la porte d'*Aix* à la porte de *Rome* est unique au monde, surtout les dimanches, quand l'assemblée du cours est dans tout son étalage. Le marché au fleurs et fruits présente aussi tous les matins un aspect enchanteur. C'est là que se range avec ordre, mais non sans tumulte, la foule innombrable des jardiniers, maraîcheurs, bouquetières, et fruitières, d'une immense banlieue. Là, Pomone est entourée de toutes ses richesses, et Flore en atours frais et printaniers, étale tous ses pompons auprès de sa soeur. — La longueur du *port de Marseille* est de 580 toises sur une largeur de 160. *L'aspect de ce port* et du quai qui le borde *est unique et frappant.* Les productions de 4 parties du monde, tous les habitans de la terre dans leurs divers costumes, tous les pavillons qui flottent sur la mer, y sont rassemblés. — Il faut voir *Marseille* du haut de *Nôtre-Dame de la Garde*, et de la plate-forme de *l'observatoire*. Le port, la ville, la campagne et la mer, forment là 4 tableaux différens, qu'un seul regard peut embrasser à la fois. — Quand on se promène à une certaine heure dans les rues, à l'aube du jour, ou le soir, il faut prendre garde au cri de *Passares*, si l'on ne veut pas être enseveli sous un tas d'immondices, dont toutes les fenêtres semblent alors se dégorger. — La beauté et la pureté du climat de *Marseille* ne sont troublées que par le vent *Mistral*, qui vient du nord-ouest: il est impétueux et froid, mais quand il ne souffle pas, les jours de l'hiver y ressemblent à nos beaux jours de printems. — Les environs de *Marseille* sont remplies d'une quantité prodigieuse de petites maisons de plaisance, qu'on appele des *Bastides*; on en comptait, il n'y a pas long-tems, jusqu'à cinq mille. A la belle Bastide dite *Eygalades*, on admire une tapisserie rare et curieuse.

MAYENCE. *Long.* 25° 10′ 0″ (Isle de Fer.) *Lat.* 49° 59′ 50″. *Population* suiv. l'A. J. 22,375. — ☐ aux Amis réunis.

Edifices remarquables. Curiosités. La rue grande (*grosse Bleiche*) — le ci-devant palais de Stadion, à présent palais du Préfet — la place verte (c'est la place où se fait la parade de la garde) — la place du marché: c'est ici que l'on voit la célèbre cathédrale et ses tours ruinées; l'église est rendue au culte, mais ses monumens et tombeaux se ressentent encore des dévastations du vandalisme — l'église des Augustins — l'église de S. Pierre — la place de Guttenberg — le ci-devant château, (à peine reconnaissable.) — La bourse (construite en 1313, par les villes de conféderation) — le port franc — Les environs de *Mayence*, offrent le spectacle le plus complet des dévastations de la guerre: on ne rencontre partout que des ruines, et des souvenirs de son ancienne splendeur: *et campos ubi Troja fuit*! Les belles îles d'*Ingelheim* et de *St. Pierre* sont arides, sans verdure et bosquets et leurs pavillons percés par des boulets; les vignes et les maisons de campagne le long du *Hartenberg*, ont fait place à des masures et des retranchemens; tous les bois, bosquets et vergers à 2 lieues à la ronde ont été coupés, dans les sièges; quelques nouvelles plantations les remplaceront avec le tems.

Mélanges. Dès qu'on a passé le Rhin sur le pont de bâteaux on est surpris par la vue la plus magnifique qu'on puisse imaginer, le courant de cette rivière rapide, qui vient d'engloutir les eaux du Mein, et qui, dans cet endroit est large de 1400 pieds, traverse une plaine dont les bornes, qui forment l'horison, semblent se mêler à l'azur du ciel. Plus bas, de hautes montagnes s'opposent à son cours et le forcent de se détourner vers l'ouest, après avoir coulé depuis Bâle vers le nord; et forment quelques îles agréables. Au bas et sur le penchant de ces montagnes, on voit briller quelques villages. Tous ces environs forment un amphithéâtre nommé le *Rhingau*, qu'on peut regarder comme le trône du Bacchus des Allemands. Le Rhin conserve toujours dans ces contrées, pendant un très-long cours, cette belle couleur verdâtre qui fait remarquer ses eaux en Suisse, et qui les distingue visiblement des eaux troubles du Mein. — Le voyage sur le *Rhin* à *Coblence*, que l'on peut entreprendre, depuis Mayence, a été détaillé dans l'*Itinéraire d'Allemagne. Hochheim* est un bourg sur la rive allemande, vis-à-vis de *Castel*, forteresse avancée de Mayence; (bonne Auberge à *Castel*, à l'ours noir). C'est de cet endroit que les Anglais ont donné au vin de Rhin le nom de *Hock*. Dans les bonnes récoltes la pièce de 600 pintes se vendait ci-devant, 900 jusqu'à 1,000 florins, prise au pressoir. Ce vin dont la meilleure sorte porte le nom de *Dom-Présenz*, est devenu rare et cher, parceque les nouvelles fortifications de *Castel*, ont absorbé une grande partie des vignobles.

Distances. De Mayence à Paris 69 postes; à Trêves 17½ p., à Coblence 10½ p. par la route Napoléon; à Luxembourg 22 p. à Worms 5 p. à Mannheim 8 p. à Spire 9½ p. Il est dû une demi poste en sus de la distance, à la sortie de Mayence.

Spectacles. Théâtre français. Théâtre allemand.

Etablissemens littéraires. L'institut de littérature, sciences et arts; le lycée et ses collections — la bibliothèque forte de plus de 80,000 volumes, riche en incunables et en manuscrits, et la galerie de tableaux: — le cabinet de lecture (déjà avantageusement connu avant la révolution.) — le médailler de la Mairie.

Auberges. Aux trois couronnes: à la ville de Paris: hohe Burg: (bonnes auberges) Le *café Datis* et le *café Schröder* sont les cafés les plus fréquentés. Les bals se donnent au café Schröder.

Avis aux voyageurs. Les ouvrages de menuiserie et d'ébénisterie de cette ville, sont fort recherchés. — Les douanes établies à *Castel* ou *Mayence* exercent, suivant les rapports de quelques voyageurs, leurs fonctions avec la dernière rigueur. Mais ces bruits ont été ou exagérés, ou les douaniers ont relâché de leur ancienne sévérité, au moins vis-à-vis des personnes non-suspectes, car j'ai moi-même passé le pont de Mayence *à pied*, sans être arrêté à aucune barrière, sans éprouver la moindre difficulté, sans qu'on m'ait fait la moindre question. — Il part de *Mayence* pour *Paris*, par *Metz*, une diligence à quatre places. Prix de la place 60 Livres jusqu'à *Metz*, place dans le cabriolet, 54 livres, on donne jusqu'à Metz 6 livres pour boire au conducteur, qui en acquitte les guides des postillons, prix d'un diner, 3 livres, y compris le vin. La diligence arrive à *Metz*, le 3me ou 4me jour. Il faut s'adresser à *Mayence* au bureau, 24 heures avant le depart. — Le maitre de poste à *Kreutznach*, a établi une diligence entre *Mayence* et *Metz*, pour le prix de 36 livres la place: s'adresser à *Mayence* au sieur *Schneider*, sur le *Flachsmarkt*: cette diligence part les dimanches et mercrédis. — Les personnes, qui veulent se rendre de *Mayence* à Paris, doivent préférer la route par *Coblence* et *Trèves*, pour éviter les chemins affreux et abimés de *Durkheim* et *Lautern*. Elles se rendront à *Coblence*, ou par eau en faisant le voyage charmant sur le Rhin, que nous avons détaillé à l'Itinéraire d'Allemagne ou en suivant la nouvelle route de poste et la chaussée, tracée sur le bord du Rhin (v. le même Itinéraire.) De *Coblence* à *Trèves* il n'y a que 12 milles allemands. Il faut coucher, entre ces deux villes aux bains de *Bertlich*, non loin du village de *Luzcrath*. On y trouvera un gîte commode, des sites romantiques extrêmément pittoresques, et les restes d'un ancien cratère. Le monument le plus remarquable de *Trèves*, est l'église actuelle de St. Siméon, bâtiment gaulois, qui servait de comices sous les Gaulois, et de capitole sous les Romains; on admire encore l'architecture gothique de l'église de Nôtre-Dame, infiniment légère et le dôme ou la cathédrale, avec ses autels, sa galerie de marbre. L'église de St. Paulin est couverte au plafond d'une peinture à fresque, estimée des amateurs. La *porte noire*, et le *tombeau* des *Secondins* sont deux antiquités remarquables. On a découvert et on découvre encore journellement des statues, inscriptions, monnaies, vases, urnes etc. et autres antiquités Romaines. Une société des recherches utiles a été fondée dans cette ville. □ la réunion des Amis de l'humanité. (V. aussi sur *Trèves*, No. 36 des routes.) Le jardin de *Noll*, et la vallée et les rochers de *Pollein* méritent d'occuper l'attention du voyageur. De *Trèves* à *Metz* il y a 18 lieues; à *Metz* on entre dans la grande route de Paris. — Des coches d'eau et des diligences d'eau partent toutes les semaines de Mayence pour *Cologne* et *Coblence*, et font ce trajet en peu de tems. (V. à l'article de la *Manière de voyager.*)

MONTPELLIER. *Long.* à l'obs. 21° 32′ 30″. (Isle de Ferro) *Lat.* 43° 36′ 29″. *Population*, suivant l'A. J. 32,723. — □ les Amis de la gloire des arts: les Amis des arts et de l'harmonie (composée d'hommes de lettres et d'amateurs de la musique) les Amis fidèles: les Amis réunis dans la bonne Foi: l'ancienne et de la réunion des Elus: la parfaite humanité: la parfaite union.

Edifices remarquables. Curiosités. L'église de St. Pierre: (le tableau de *Bourdon* au fond du sanctuaire) — la bourse — la citadelle — l'école de médecine: (ci-devant

vant le palais de l'archevêque; on remarque surtout la salle d'anatomie, et les figures anatomiques en cire, du célèbre *Fontana*) — la maison du gouvernement — le théâtre et la salle des concerts - la place *Napoléon*, ou l'ancien *Peyrou*: et sa belle porte: (On découvre de cette place, par un tems clair, à gauche, la mer méditerranée, à droite les montagnes du Roussillon, et même les Pyrénées.) = l'aqueduc — la colonne de la liberté, sur l'esplanade: (la *grande rue* est la plus *belle* et la plus peuplée).

Promenades. L'esplanade — la place *Napoléon*. —

Etablissemens littéraires et utiles. La société de médecine pratique qui se soutient encore avec honneur, la société d'agriculture; l'institut de littérature, sciences, et arts: le lycée français: l'observatoire: le Musée: le Lycée de lecture: (prix d'abonnement 1 louis pour 6 mois) le *sallon*, espèce de club; (jours d'assemblée les lundis et vendredis de 7 à 11 heures. Les étrangers doivent être introduits par un membre): la société qui s'assemble mardi, chez Mr. le banquier *Durand*, et celle qui s'assemble jeudi chez M. le banquier *Coulette*. Le jardin botanique. (Narcisse, la fille du célèbre *Young*, y est enterrée: on se propose de lui élever un monument: ce jardin de plantes, est le premier qui a été établi en Europe.)

Commerce. Fabriques. Les vins, principale récolte du pays: les eaux de vie; l'huile de vitriol; le commerce de laines; la fabrication de couvertures de laine, mouchoirs et toiles de coton, siamoises, flanelles; de liqueurs dont on fait le plus de cas; d'eaux de senteur et de parfums: (un voyageur qui admirait les plantations des frères *Rubans*, de plantes aromatiques et de fleurs, raconte, qu'un seul champ de roses contenait 40,000 rosiers. C'est à *Montpellier* et à *Grasse* en Provence, que l'on trouve les meilleures pomades et les meilleurs parfums de la France.) Le *verd-de gris*: est presque sa propriété exclusive. On attribue cette grande facilité qu'a Montpellier de faire du verd-de-gris, à ses caves et surtout aux vins de son crû. Pour se le procurer, on arrose de ces vins de petites lames de cuivre rouge de Hambourg, arrangées par couches, sur des grappes de raisin sec. Il s'en prépare près de 2,000 quintaux par an.

Spectacles. Comédie française. (Prix d'abonnement aux premières, 26 francs 8 sous par mois.)

Auberges. A l'hôtel du Midi: (excellente auberge) au cheval blanc, dans la grande rue.

Mélanges intéressans. Livres à consulter. Notice sur Montpellier, par *Belleval*. A Paris 1803. 8. — Une variété de cyprès, connue encore sous le nom d'*arbre de Montpellier*, a donné le nom à cette ville. On voit encore un fort bel arbre de cette espèce, dans une campagne, le *mas de Limaçon*. — En langage du pays *Mas* signifie maison de campagne. Les mas de *Montferrier*, *Laverune*, *la Piscine*, *le Clos*, sont des campagnes très-agréables. Mais la verdure y est rare, et perd bientôt de sa fraîcheur. En revanche l'habitant du Nord s'extâsie à la vue des chemins bordés de jasmins et de grenadiers. On appele à Montpellier l'amandier, *l'arbre de la folie*, parcequ'il fleurit de trop bonne heure, et le jujubier est qualifié d'*arbre de la sagesse*, à cause, qu'il ne porte des fleurs, que quand le tems est chaud. — Le climat de cette ville est extrêmement doux et tempéré. L'automne surtout y est très-beau, mais la variation dans la température est la source de beaucoup de maladies catarreuses, et les étrangers doivent prendre garde, de ne pas changer à la légère de vêtemens. La *bise* et le *marin*, ou les vents de Nord-Est, et de mer, affectent sensiblement les nerfs. Le marin surtout est d'une humidité, qui s'étend même jusques sur les lits, qu'il faut faire chauffer. — Lorsqu'on se propose de faire quelque séjour à Montpellier, il vaut mieux prendre un logement garni, où l'on se fait apporter à manger, par les traiteurs, à un prix honnête. Pour le prix de quatre louis par mois, on a un appartement de 2 à 3 pièces, chambre de domestique, lits, linge etc. On paye au traiteur ou réstaurateur, chez qui on fait chercher ses plats, quatre livres par tête, et pour quatre mets, y compris sa soupe; tout cela est servi abondamment, et pourrait suffire pour deux personnes. Pour ce qui regarde le dessert, il vaut mieux l'acheter soi-même, que d'en charger le traiteur. Le traiteur fournit vaisselle, nappes, serviettes etc. On dîne à table d'hôte à une heure; et on soupe vers les 9 heures. — Prix d'un quintal de bois de chauffage, 34 à 36 sols; d'un cheval de selle, 3 livres, par jour, et d'un âne 30 sols: d'un carrosse de remise, 12 livres, par jour: d'une chaise-à-porteur, 40 sols par course: d'un bain, 30 sols, y compris le linge. — On trouve des maisons de bains à la grand' rue, à l'Esplanade, au Peyrou. Celles de la grand' rue, sont réputée, les meilleures. — *L'araignée maçonne*, est un insecte fort curieux, que l'on ne trouve qu'aux environs de *Montpellier*. *Las Trèias*, ou les treilles, et *lon chivalet*, ou le chevalet, sont les danses nationales de Montpellier.

Distances. De Montpellier à Paris par Nîmes, 97½ postes: à Aix, 20¼ p. à Lyon 39¼ p. à Avignon, 11½ p.

Excursions. à *Perrol* — au *pont Juvenal* — à 4 lieues de Montpellier les grottes de *Gouge* fort belles et fort curieuses, mais on n'y descend pas sans beaucoup de peine, et sans quelque péril. Me. *de Genlis* a éntendu dire, qu'elles étaient aussi extraordinaires que celles d'*Antiparos*. — Voyage aux eaux minérales de *Balarne*, au midi de *Montpellier*. — Voyage au bord de la mer, et à l'isle de *Maguelone*: (on montre dans la cathédrales ruinée et déserte, les trois tombeaux du comte Pierre de Provence, de la belle Maguelone, et de leur enfant.) — au *port de Cette*, à 5 lieues de Montpellier: (le chemin qui y mène, traverse *une campagne des plus agréables*. On passe par *Frontignan*, renommé pour ses vins-muscats; non loin de l'hermitage, il faut s'arrêter pour jouir d'une vue délicieuse. La situation de *Cette* offre un coup d'oeil infiniment piquant: aussi a-t-il fourni au célèbre *Vernet* un très-beau tableau, dont on trouve par-tout les estampes. Au mois de Janvier et de Fevrier le port fourmille de vaisseaux. Il faut y voir le grand pont, la citadelle, et monter sur la tour des pilotes, pour y jouir d'une vue superbe sur la mer. Prix d'une voiture pour ce voyage y compris le retour, 24 livres, et 6 livres au cocher. Tous les jours une diligence passe et repasse entre *Cette* et *Montpellier*; prix d'une place, 3 livres. A *Cette* commence le *canal* du Midi ou *de Languedoc*.)

NANCY. *Population*. Suivant l'A. J. 28,227. — ☐. St. Jean de Jérusalem.

Edifices remarquables. Curiosités. L'ancien palais — l'église des ci-devant cordeliers (*où se trouvaient les tombeaux des anciens Ducs de Lorraine*; *Charles-le-hardi* dernier duc de Bourgogne y fût enterré, mais son corps a été transporté à Bruges en Flandre, pour y être déposé à côté de Marie sa fille.) — l'hôtel des monnaies — la salle de spectacle — la place du peuple (l'une des plus belles places de l'Europe: une statue de Louis XV. de bronze embellissait jadis cette place dite royale; elle avait coûté au roi *Stanislas*, qui la fit ériger en 1751, la somme de 161,453 livres. Les ouvrages en serrurerie méritaient aussi l'admiration du connaisseur; mais tout cela a été ruiné ou enlevé, dans les tems du vandalisme révolutionnaire.) — la place de la liberté — la place la Carrière. — le ci-devant cloître des Franciscains au bout du faubourg St. Pierre; (c'est ici qu'est enterré le roi *Stanislas*, le créateur des beautés de *Nancy*; le mausolée est un chef-d'oeuvre de *Girardon*) — 8 hôpitaux et maisons de charité. — (La vieille ville est un amas confus de maisons sans goût, de rues étroites; mais tout ce qu'on appele ville neuve, est vraiment magnifique. A la porte-neuve fut tué *Désilles*, à l'affaire des régimens révoltés: son action héroïque est assez connue. *Nancy* a donné le jour à *Callot*, ce dessinateur si célèbre.)

Promenades. Les allées près des places de la liberté, d'Alliance et de Carrière: la Pépinière.

Etablissemens littéraires. Cabinets. Les sociétés d'agriculture, de Médecine, de littérature, sciences et arts: le lycée. La bibliothèque publique.

Auberges. A l'hôtel du Petit-Paris, près de la place du peuple.

Spectacles. Coméd-française: (la salle est bien décorée).

Distances. De Nancy à Paris 42¾ postes; à Bourbonne les bains 10¾ p. à Saarbruck, 12½ p. à Sarre-Libre 12⅓ p. à Basle, 25 p. à Metz 7 p. à Strasbourg, 18½ p. Il est dû un quart-de-poste en sus de la distance, sur toutes les sorties.

Environs. Du côté de Metz, fut tué *Charles-le-hardi*, Duc de Bourgogne, le 5 Janvier 1477, dont nous avons déjà parlé. Cet événement est consacré par un obélisque, qui se voit aujourd'hui dans le marais de la porte *St. Jean* à *Nancy*. A trois quarts de lieue de *Nancy*, sur le penchant des montagnes qui bornent la campagne au couchant, on voit cette maison si superbe et si célèbre de *Mareville*, possédée ci-devant par 120 frères, appelés *Yonistes*; l'on y enferme à présent les fous.

NICE. *Long.* 24° 56' 15''. *Lat.* 43° 41' 47''. *Population.* Suivant l'A. J. 18,473. — □ les vrais Amis réunis.

Edifices remarquables. Curiosités. L'escalier du rempart et le mole. — La place Napoléon, dans la vieille ville. et la place impériale au quartier neuf — les ruines et antiquités à *Cimier*, *Cemenalium* (à 1½ lieue, sur une charmante colline) — les ruines d'un temple, non-loin de la bastide de *Ferreri*, et de la ci-devant abbaye de *Pons*, l'un des sites les plus agréables des environs — le port de *Ville-Franche* à 1/2 lieue de *Nice*: (la rade est une des plus belles de l'Europe; cent vaisseaux de ligne pourraient y mouiller à leur aise) — le fanal — le fort de *Montalban* — la *croix de marbre*, en mémoire de l'entrevûe qui y eut lieu, entre Paul III. Charles V. et François I. l'an 1538, à été élevée de nouveau en 1807, ayant été abattue par l'ouragan révolutionnaire.

Promenades. La terrasse le long de la mer (d'où l'on découvre dans un tems clair les montagnes de *Corse*.) — La promenade du Cours — les bastides, ou petites maisons de campagne peintes de différentés couleurs, qui couvrent les côteaux. — Les belles vues, devant la maison *Cesoli*, et à la campagne de *Chais*. — Le *chemin du Var* est aussi une promenade favorite, soit à cause des charmans points de vue dont on y jouit, soit pour l'agrément de se promener dans une forêt délicieuse, qui se trouve le long du Var, à une lieue de Nice.

Auberges. A l'hôtel de York.

Distances. De Nice à Toulon, 22 postes: à Aix, 25 3/4 p. à Bourdeaux, 110 1/2 p. à Paris, 124 3/4 p. Trois routes aboutissent à Nice: celle de Gênes; celle de Turin; et celle de l'ancienne France, vulgairement appelée chemin du Var.

Séjour à Nice. On trouve à *Nice* un spectacle, des *conversazioni*, des bals par souscription etc. Les fêtes pendant le carême se nomment *festins*. — On apporte du Piémont des chappons et des truffes excellentes. La chasse fournit de la venaison d'un goût parfait. Le pain est mauvais. *. La *datte*, ou la *moule perce-pierre*, est réputée la plus délicate de toutes les moûles. — On trouve à *Nice* la tarentule et le scorpion. — Les rues de la vieille ville sont étroites et mal-propres. C'est principalement dans les faubourgs *de la poudrière* et de *la croix de marbre*, que logent les étrangers qui sont attirés par la beauté du climat, et qui passent l'hiver à *Nice*. Les maisons sont neuves et commodes ayant vue d'un côté sur la grande route de France, et de l'autre sur un beau jardin et sur la mer. L'affluence de ces étrangers était prodigieuse avant la révolution; elle a totalement cessé pendant les guerres; mais sans doute la paix y fera accourir de nouveau les malades de tous les pays. — Il fait presque aussi chaud à *Nice* dans les mois de l'hiver, qu'en Angleterre au mois de mai; et l'air y est si serein, qu'on ne voit pendant des mois entiers, que le plus beau ciel azuré sans nuages. Pendant tout l'hiver de 1785 le thermomètre ne descendit qu'à deux degrés seulement, pendant qu'il était à Genève, à 15. On trouve beaucoup de vieillards dans ce pays; les maladies ordinaires sont les pleurésies. — On voit à Noël les fermiers occupés à cueillir leurs olives sur les collines, et à ramasser dans les vallées leurs oranges et leurs citrons, à faucher et à faire leurs foins, ce qui arrive 4 fois par an. Il y a des particuliers à *Nice*, qui cueillent tous les ans plus de 300,000 oranges, plus de 150,000 citrons. Enfin le pays est, comme on le dit dans le pays même, très-abondant en *aigrure*. Les anchois de *Nice*, sont aussi très-recherchés des friands. — L'affluence des étrangers a engagé les habitans à construire et à meubler un grand nombre de maisons, destinées uniquement à cet usage. On loue ces appartemens pour la *saison*, c'est à dire du mois d'octobre au mois de mai. On peut avoir une chambre garnie à un louis, et il y a des appartemens depuis 15 louis jusqu'à 100 et même 150. Les propriétaires fournissent le linge et même l'argenterie, mais en petite quantité, et d'une valeur ordinairement très-médiocre. On trouve des meubles à louer pour 2 louis le mois. — Il faut attacher des réseaux de moucherons à tous les lits: sans cette précaution il ne serait pas possible de dormir. Il faut avoir soin, lorsqu'on fait quelques conventions, d'entrer dans les plus petits détails. Le Roi de Sardaigne avait rendu moins pénible la communication de *Nice* avec *Turin*. Déjà les carosses et les voitures de tout genre ont été de *Nice* à *Turin* et de *Turin* à *Nice*, (V. *l'Itinéraire d'Italie*) sur une distance de 30 lieues, depuis le mois d'août, jusqu'au mois d'octobre. On avait même percé une montagne. Le gouvernement de la France vient d'ordonner, qu'une nouvelle route soit tracée d'*Antibes* à *Nice*; elle sera continuée le long de la côté jusqu'à *Gènes*. V. *Voyage historique et pittoresque du comté de Nice, par M. Albane Beaumont. A Genève*, 1787, *Fol. avec douze vues de Nice et de la côte*, gravées par le même et coloriées par *Lori*. — Voyage dans le département des Alpes maritimes, avec la description de la ville et de terroir de Nice, de Menton etc. par *Papon*. Paris XII. 12°.

PARIS. *Long.* à l'obs. 20° 0' 0''. (Ile de Fer.) *Lat.* 48° 50' 15''. *Population.* A peu près 600,000 ames, tusuivant l'A. J. de XI. 647,756. (Au reste le tableau

PANORAMA DES CURIOSITÉS DE PARIS

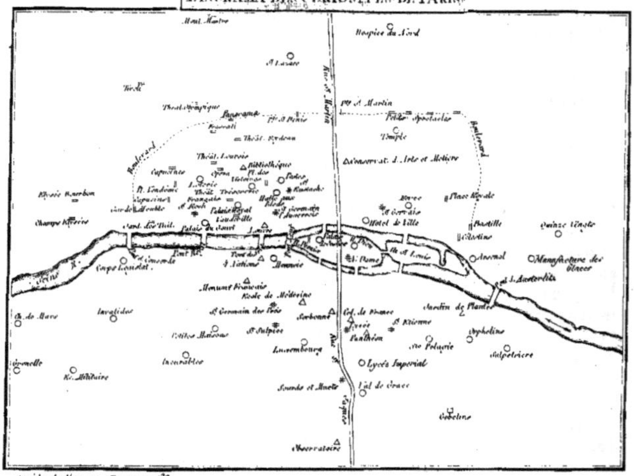

Guide du Voy. en France. p. 68.

présent n'est qu'un premier coup-d'oeil, qu'un abrégé, sauf au voyageur de s'orienter sur les lieux par des descriptions plus détaillées.) — □. Le grand Orient de France: la grande loge symbolique: et *soixante* loges des différens grades: (les étrangers fréquentent surtout la loge des Amis réunis.)

Edifices et autres Curiosités les plus remarquables. Le *palais Impérial ou les Tuileries:* (Consultez: „*Guide du promeneur aux Tuileries. 2de édit. A Paris IX.* 8. La partie droite, *Pavillon Marsan*, servait jadis à la comédie Française, c'est là où Voltaire fut couronné en 1778: c'est là que siégea la convention, et que le regne de Robespierre expira. Ce même local sert aujourd'hui au Conseil d'état. La partie gauche, *Pavillon de Flore*, est habitée par l'Empereur. La première chose à voir dans ce palais, c'est l'Empereur et Roi, *Napoléon*; la seconde ce sont les belles statues qui ornent le jardin; consultez, *Description des statues des Tuileries.* 12. C'est dans ce jardin, surtout au coucher du soleil qu'il faut admirer la perspective qui traverse la place de la Concorde, et se perd entre les rangs d'arbres du chemin de *Neuilly*. A l'entrée des *champs élysées* on apperçoit les grouppes de *Coustou*, qui jadis étoient placées à Marly. On a placé les chevaux de Venise, dites *des conquêtes*, sur les quatre piliers, qui ornent la grille de la place imposante du Carrousel. C'est dans cette place, et dans l'intérieur de la grille, que se tiennent le 15. de chaque mois à midi les grandes parades, l'un des plus imposans spectacles qu'offre le Paris moderne, tant par la tenue guerrière et la beauté des troupes, que pour y fixer le *grand homme du siècle.* Les grandes audiences se donnent à la suite de ces parades. On n'entre alors que par billet, et c'est principalement auprès des officiers de la garde, qu'on peut s'en procurer. Au reste on peut aussi voir la parade des maisons qui environnent la place. La terrasse près du manège qu'on a démoli, est la *terrasse des feuillans*, si célèbre dans l'histoire de la révolution. La façade, vis-à-vis de la place du *Carrousel*, devenue magnifique par les démolitions considérables, montrait encore, il n'y a pas long-tems, les trous faits par les boulets du 10. d'Août.) — Le *palais du Sénat conservateur*, ou le *Luxembourg.* (Ce palais fut transformé en prison d'état dans les tems du Terrorisme, et le Directoire y habita. Les marines de

Vernet, de *Hue* et *Vanderveld*; la célèbre galerie de *Rubens*, et les chefs d'oeuvre de *le Sueur*, ou le petit cloître de la Chartreuse, y sont exposés aux régards du public. V. *Explication des tableaux du palais du Sénat. A Paris chez Didot.* Une bibliothèque et un beau jardin enrichissent encore ce palais. Le coup-d'oeil s'étend jusque sur le vaste enclos des ci-devant Chartreux; à présent promenade, sous le nom Pépinière de Luxembourg. On y a joint le jardin de Vendôme.) — Le *Palais du corps législatif*, ci-devant hôtel de Bourbon: (on n'entre dans la salle d'assemblée qui est magnifique qu'avec une carte; le reste du palais qui ressemble à une ville sert à l'école polytechnique et aux archives de l'état.) — Le *palais impérial des arts et sciences* ou le *Louvre:* (Voyez l'art. suiv.) — *l'hôtel des Invalides:* (En avant de l'hôtel sur la place, la fontaine avec le *lion de St. Marc*, transporté d'Athènes à Venise, et de Venise à Paris. Aux angles des avants-corps latéraux, les figures colossales ci-devant à la place des Victoires. Le dôme de l'Eglise a 60 pieds de diamètre, et l'élévation depuis le rez-de chaussée jusqu'à sa plus grande hauteur, est de 300 pieds; c'est un vrai chef-d'oeuvre d'architecture; on y a suspendu les drapeaux sans nombre, pris sur les différentes nations que la France a combattues dans les dernières guerres. On y lit aussi sur le marbre les noms de ceux qui ont reçu des recompenses militaires. En se plaçant au centre du pavé en compartimens de différens marbres très-précieux, on jouit de l'aspect de ces trophées, coup-d'oeil unique et imposant, et on voit parfaitement les peintures de la coupole. Dans la seconde chapelle à droite, le superbe monument de *Turenne*, et vis-à-vis le passage du Rhin par Louis XIV., tenture sortie des Gobelins. On trouve encore dans l'église les deux beaux tableaux du 10 Août et du 18 Brumaire. La vue du haut de la lanterne du dôme, domine avec celle du dôme du Panthéon, et celle de la plateforme de l'observatoire impérial, toute la ville immense de Paris. La cour du milieu, l'horloge d'équation, et les réfectoires, méritent l'observation des curieux. Dans ces réfectoires, les tableaux qui répresentent les victoires de Louis XIV., ont été nouvellement nettoyés de la crasse Vandalique. On admire la bibliothèque de l'hôtel, le tableau peint par *David*, *Napoléon* à cheval, gravissant le Mont Bernard, et les batailles du *grand Condé* peintes par *Casanove*, jadis à l'hôtel Bourbon. L'Empereur, après la prise de Potsdam en 1806, a fait présent à l'hôtel de l'épée de *Frédéric-le-Grand*, roi de Prusse, de son cordon de l'aigle-noir, de sa ceinture de général, et des drapeaux que portait sa garde dans la guerre de 7 ans. — Le *Panthéon*: (cidevant église de Ste. Génévieve. Ce monument mérite d'être placé au rang des premières basiliques de l'Europe. Son porche est composé d'un péristile de 22 colonnes corinthiennes, de 57 pieds de haut. Rien n'est plus magnifique et plus agréable que les ornemens de son portail. Quand on approche de Londres c'est l'église *de St. Paul* qui frappe de loin l'oeil du voyageur; quand on approche de Paris, c'est le *dôme du Panthéon*. Là reposent dans des cercueils de bois les corps de *Voltaire* et de *J. J. Rousseau*. Du haut du dôme on jouit d'une vue immense.) — La cidevant *Ecole militaire*, et le *champ-de-Mars*: (là on admira jadis ce grand cirque, construit en 1790 par tout le peuple Parisien; là fut faite aussi la première expérience aérostatique en 1783. Cet édifice est destiné à loger la garde à cheval de l'Empereur. A la salle du conseil, les 4 tableaux de batailles. Il y a un observatoire à l'école militaire.) — *L'école de chirurgie*: (bâtiment superbe, fini sous Louis XVI. Au-dessus du péristile est un bas-relief de 31 pieds de longueur, sculpté par *Berruer*.) — *L'hôtel-de-ville*: (sur la place de Grève; c'est là que Louis XVI. fut reçu en 1789 par M. Bailly, c'est là que finit le regne de Robespierre; on montre encore l'endroit où il essaya de se donner la mort. La première exécution qui s'y est faite, a été celle d'une femme hérétique en 1310. Dans un coin de cette place, au-dessus d'une boutique d'épicier, est le réverbère, célèbre par la mort violente de *Foulon*, époque d'un nouveau genre de supplice, appelé alors en termes révolutionnaires, *lanterniser*.) — Le *Palais de Justice*: (la salle, dite des procureurs, est unique en France pour son étendue. La *Grand'chambre*, construite sous St. Louis était le lieu où siègea depuis le *Tribunal Révolutionnaire*. Elle sert aujourd'hui au tribunal de Cassation. C'est dans cette même salle que Louis XVI. tint la séance à jamais mémorable, qui commença la révolution. Vers la rivière sont les prisons de la trop fameuse *Conciergerie*. Ames sensibles! quand vous passez près de cette prison, ou quand vos pieds foulent la cour de *l'Abbaye*, recueillez-vous! car vous marchez sur un sol, rougi du sang de l'innocence, deshonoré par la barbarie et par tous les *crimes*; les mânes de femmes et de vieillards respectables, qu'une centaine d'antropophages y immolèrent, vous accompagnent, et vous invitent à bénir l'énergie du gouvernement actuel, qui a banni à jamais! ces atrocités abominables. (Les *prisons actuels* de Paris sont: La *conciergerie*, pour les accusés: la *grande-Force* pour les prévénus des délits; la *petite-force* pour des femmes prostituées. St. *Lazrae*, femmes condamnées; *Madelonettes*, femmes prévenues; *Ste. Pélogie*, détenus pour dettes; *l'Abbaye*, délits militaires; *Montoigu*, discipline militaire.) — Le *Palais du Tribunat*, appelé d'abord Palais Cardinal, ensuite *Palais-Royal* et Palais-Egalité. Ce palais, ce jardin sont uniques sur le globe. Allez à Londres, à Madrid, à Vienne, à Pétersbourg, vous n'y verrez rien de pareil. Tout s'y trouve. Ce séjour enchanté est une petite ville luxurieuse, renfermée dans une grande. Quoique tout augmente, triple et quadruple de prix dans ce lieu, il semble y regner une attraction, qui attire l'argent de toutes les poches, sur-tout de celles des étrangers, qui raffolent de cet assemblage de jouissances variées et qui sont sous leur main. C'est là qu'en un instant, sans changer de place, on peut vendre, acquérir, goûter, voir, sentir et apprendre, tout ce que la sensualité, l'industrie et la sagesse de l'homme, peuvent concevoir de plus bizarre et de plus parfait. Le libertinage y est éternel. A chaque heure du jour et de la nuit, son temple est ouvert. (*Guide de l'étranger au palais du Tribunat.* Au Palais, galeries de bois, No. 220.) Le passage de Radzivil est peut-être le pas le plus fréquenté de Paris et de l'univers. — *L'observatoire* impérial: (Dans une grande salle au premier étage, est tracée la ligne de la méridienne, qui, prolongée au sud et au nord, traverse toute l'ancienne France depuis *Collioure* jusqu'à *Dunkerque.* Sur le pavé d'une autre salle, la carte universelle gravée par *Chazelles.* Les souterrains forment une espèce de l'abyrinthe, où il ne faut pas pénétrer sans guide On descend dans ces souterrains par un escalier à vis de 360 marches. On trouve dans le voyage de M. *Bugge* la description la plus récente des instrumens et des autres curiosités de cet observatoire. La vue est immense du haut de sa plateforme. Là et sur le Louvre se trouvèrent jadis les *télégraphes* de Paris; les deux qui existent encore à présent, sont placés sur l'*hôtel de la Marine*, et sur l'*Eglise de S. Sulpice*. Le premier corréspond de Paris à Brest, le second à Strasbourg. Il y a encore à Paris *cinq observatoires* publics et particuliers; les deux premiers sont ceux de l'école militaire, et du Collège de France. — La Halle au bled: sa vaste coupole s'est écroulée, lors de l'incendie de 1802. Elle avait 120 pieds de diamètre; la voute du Panthéon à Rome, qui est la plus grande connue, n'a que 13 pieds de plus. Les curieux remarquent une grande colonne, adossée à ce bâtiment, et qui servait d'observatoire à Catherine de Medicis; les C. et les H. et les miroirs brisés q'uon y remarquait jadis, ont été détruits pendant la révolution. — Le temple de la victoire; [commencé sous le nom d'église de la Madeleine en 1763. Cet édifice portera la simple et sublime inscription: *Napoléon aux soldats de la grande armée.*] — Le cimetière *Ste. Madeleine*: (Là repose le bon Louis XVI. dont *Soulavie* vient d'honorer les vertus domestiques et les talens littéraires, trop long tems flétris et outragés par la calomnie des enragés revolutionnaires, et de leurs échos servils: là, sont les tombeaux de sa soeur, et de cette reine si grande dans l'infortune; là, dorment en paix, pêle-mêle, les coryphées éphémères de la révolution, les hommes de toutes les époques, de tous les partis, de toutes les couleurs, réunis par la guillotine et la mort. Mais M. de *Kotzebue* s'est en vain informé de l'emplacement de ce cimetière; on lui disait que le terrain venait d'être vendu à des particuliers, et changé en jardins. Cela ce confirme par l'assertion de Mr. *Bohnenberger* qui nous donne dans la relation de son voyage, le dessin de la tombe même de Louis XVI. existante dans l'enclos d'un jardin, la propriété d'un particulier. — Les pompes-à-feu des *Perriers* frères; (chaque machine élève et fait monter 48,600 muids d'eau dans les reservoirs, en 24 heures). —

Eglises: Les fêtes reconnues par le gouvernement sont: l'ascension, l'assomption, la Toussaint et Noël. Il y a douze églises d'arrondissement; les plus grandes et les plus remarquables, sont celles de *Notre-Dâme* de *St Eustache*, et de *St. Sulpice*. L'église de Nôtre-Dame a 65 toises de longueur et 24 de largeur; les tours ont 204 pieds d'élévation, au haut desquelles on monte par un escalier de 389 degrés; 45 chapelles regnent autour. Les campanoclastes révolutionnaires, n'ont épargné des 8 cloches que l'Emanuel, laquelle a recommencé à se faire entendre à la pâque de 1802. C'est dans cette église, que *Napoléon* fût couronné Empereur par le Pape *Pie VIII.* en 1805. Le portail de l'église de *St. Sulpice* a 64 toises de face, c'est un superbe morceau d'architecture. Les bénitiers de la croisée sont des urnes sépulcrales, de granit, venues d'Egypte. On voit au milieu une méridienne, tracée par Henry Sully. Il y a un établissement de soupes économiques à *St. Sulpice.* L'église de *St. Germain l'Auxerrois*, est célèbre par sa grille de fer poli, et par son clocher, qui donna le premier signal de la St. Barthélémi: cette église est la paroisse de l'Empereur Napoléon. Le plus curieux de l'église de *St. Etienne-du-Mont*, est le jubé et la légèreté et hardiesse des tourelles: les dépouilles de *Mirabeau* sont tout auprès, dans le ci-devant cimetière. Ces églises rendues au culte public se ressentent encore de la spoliation et dévastation, qui signalèrent les premiers tems de la révolution. Les tombeaux, les chefs-d'oeuvre des arts, les ornemens ont disparu ou sont détruits, on n'apperçoit que des espaces et des murs vides et dépouillés. Il y a trois églises de la religion réformée à Paris, et la synagogue des Juifs. — *Places: Place de la Concorde*: ci-devant place de Louis XV. puis place de la révolution. Au milieu de cette place était la statue équestre de Louis XV, le chef-d'oeuvre de *Bouchardon*, dont le cheval fut jugé le plus correct et le plus élégant de tous ceux des autres statues équestres de Paris. On en conserve encore une jambe, et c'est même le seul reste, qui existe de toutes ces belles statues, qui ornèrent les places de l'ancienne capitale. Lors de la déstruction de cette statue, la municipalité fit présent de la main droite de la figure de Louis XV. au fameux *de la Tude.* Ce fut au piédestal de cette statue, que Louis XVI, la Reine, sa soeur, et de milliers de victimes de tout âge et de tout sexe, furent immolés à la fureur et aux cabales de quelques hommes de sang, qui tyrannisaient la nation, et qui expièrent enfin leurs crimes sous le fer de cette même guillotine, instrument de leur rage sanguinaire. *Place des Jacobins*: où était le rassemblement qui a troublé la France et l'Europe: *Place des Cordeliers*: où était jadis le Club de ce nom: *Place de la Bastille*,

ser-

servant de dépôt au bois de chauffage. Le Gouvernement vient de décréter la construction d'une nouvelle place circulaire qui doit y trouver lieu. La Bastille bâtie en 1371, a été démolie en 1789, lorsque le peuple de Paris se rendit maître de cette forteresse, par capitulation le 14 Juillet, jour à jamais mémorable. Les pièces, notes, lettres, rapports, procès-verbaux, trouvés dans les archives, se conservent à la bibliothèque de la commune de Paris. Consultez sur ces papiers les 9 cahiers de la *Bastille dévoilée* et les *Mémoires historiques et authentiques sur la Bastille. Paris*, 1789. 3 *vol.*] *Place Vendôme; Place des Victoires*. La statue pédestre que le maréchal *de la Feuillade* y fit ériger à Louis XIV, et que la révolution renversa, sera remplacée par un monument en l'honneur des généraux *Kleber* et *Desaix*. L'Empereur en a posé les fondemens, l'an IX. *Place Dauphine*, avec la fontaine Desaix. *Place d'Austerlitz*; *Place d'Jena*; *Place Marengo:* Ces trois places font partie des nouveaux embellissemens de Paris.

Fontaines. Fontaine des Innocens, chef-d'oeuvre d'un style un peu vieux, mais digne d'exciter l'admiration de tous les connaisseurs. Fontaine de la rue Grenelle: c'est au génie et au ciseau du fameux *Bouchardon*, que l'on doit le dessin de ce superbe monument. Il y a 60 fontaines à Paris, dont 26 donnent de l'eau de la Seine. Fontaine Désaix; fontaine des Invalides; fontaine de l'école de Médecine. A dater du 1 Juillet 1806, l'eau coule de toutes les fontaines, le jour et la nuit: 15 nouvelles fontaines sont décrétées. — *Ponts*. Il y en a environ dix-sept compris les nouveaux: pont *au change*: pont-*neuf*: c'est un de plus beaux ponts de l'Europe; sa largeur est de 12 toises, sa longueur de 170. Là où s'élévait jadis la statue de Henri IV. s'est établi un cafétier. — *Le Nôtre* a dit quelque part, que les trois plus beaux points de vue des villes de l'Europe, étaient le port de Constantinople, celui de Naples, et l'*éperon du Pont-neuf*. Pont *nôtre-Dame*, apelé dans les premiers tems de la révolution, pont de la raison; il a été construit en 1499. Pont *de la concorde*: fini en 1790 sous Louis XVI. l'arche du milieu a 96 pieds d'ouverture. C'est le plus beau des ponts. Pont-*des-arts*, ou du Louvre, les arches sont formés avec du fer ou plutôt avec de la fonte, entre le Louvre et le ci-devant collège

Mazarin. On l'a garni en 1804 de fleurs et d'orangers, ce qui en fesait la promenade favorite. Pont du *jardin des plantes*: Pont d'*Jéna*, en face du champ de Mars: Pont d'*Austerlitz*: Pont *de la cité*: — *Barrières.* L'architecte *le Doux* a diversifié avec beaucoup d'art la forme de ces 56 barrières, qui représentent des temples, des péristiles, des chapelles, de lourdes masses rustiques etc. La barrière des Gobelins a pris le nom de *Marengo*. — On distingue pour l'architecture, les barrières *de Neuilly*, de *St. Martin* et de *Vincennes*. L'entrée de Paris de ce dernier côté, s'annonce avec grandeur. — *Vingt-sept Hôpitaux* et *établissemens de bienfaisence*. Nous n'en donnerons point la nomenclature, nous nous bornerons aux principaux: le Mont-de-piété; la direction des nourrices; l'hôtel-Dieu; la charité; St. Louis; le val-de-grace; les quinze-vingts; les Incurables; les Enfans trouvés; la Maternité [deux hospices pour l'accouchement et pour l'allaitement.] Les Ménages ou petites maisons; les Vénériens; la Santé; la retraite assurée à Chaillot; Salpétrière; Bicètre: (un objet bien digne de l'admiration des curieux, c'est le puits de cette maison; le reservoir contient 4000 muids d'eau. Les cachots sont des souterrains, où le jour n'entre que par des piliers percés obliquement.) Le gouvernement a établi un hospice central *de vaccination* gratuite. — *Portes.* Porte St. Denis: la magnificence de son architecture, la met au rang des plus beaux monumens de Paris; elle a 72 pieds de face, et autant de hauteur. Porte triomphale des Tuileries. *Ports de la Seine* au nombre des huit. — *Associations charitables*; cinq, sous le nom de soeurs de la Charité, du refuge etc. *Quais.* Les plus beaux sont ceux du Louvre, des Tuileries, de la Monnaie, des 4 nations, Malaquais, de Voltaire, ci-devant des Théatins, de Bonaparte, ci-devant d'Orsay, et le quai de l'Ecole.

Avis. Qui a vû Paris, il y a 10 ans, ne le reconnaitrait plus: les embellissemens s'y succédent sans relâche; de nouveaux quais, de nouveaux ponts, de nouveaux quartiers, de nouvelles places et rues sortent du néant, comme par un coup de baguette magique. La *halle aux fleurs*, et la *bourse*, remarquables par leur architecture. Ajoûtons, la *colonne triomphale*: *l'arc aux armées*; *l'arc à Napoléon*. On est frappé de trouver cette capitale plus embellie dans le cours des guerres, qu'elle ne le fût jadis dans un demi-siècle de paix. Nous ajoûterons une nomenclature, de quelques *lieux mémorables* par des faits historiques.

Hôtel Vilette, où mourut Voltaire. Quai de ce nom ; au coin de la rue de Beaune.

Hôtel, où mourut Mirabeau, rue du Mont-Blanc.

Maison de Molière, Piliers des Halles, rue de la Mortellerie, no. 692.

Café Procope, où s'assemblaient Voltaire, J. B. Rousseau, Piron, etc. maintenant café Zoppi, rue des Fossés Saint - Germain.

Maison où a demeuré J. J. Rousseau, rue de ce nom, jadis rue Plâtrière, n°. 553.

Café de la Régence, où J. J. Rousseau jouait aux échecs avec Philidor, place du Tribunat.

Maisons de Campagne de Molière et de Boileau, au village-d'Auteuil, rues qui portent leurs noms.

Chambre où mourut Henri IV, à côté de celle où s'assemble aujourd'hui l'institut, pour ses séances particulières.

Maison où mourut l'amiral Coligny, rue Bétizy, seconde maison à gauche, en entrant par la rue de la Monnaie.

L'hôtel du Grand - Prieur, où fréquentait Chaulieu, enclos du Temple ; [le *Temple* fameux par l'emprisonnement de *Louis XVI*. vient d'être démoli.]

Hôtel de la Rochefoucault, rue de Seine, où demeurait Turenne.

Rue de la Feronnerie ; Henri IV. fut assassiné devant la maison de la Croix-d'or où était son buste, dont la niche existe encore.

Maison de Nicolas Flamel, au coin de la rue Marivaux.

Maison de Duplay, où demeurait Robespierre, rue Saint-Honoré, n°. 59, en face de la rue Saint - Florentin.

Butte des Moulins, où la *pucelle d'Orléans* fut blessée dans un assaut.

Hôtel de Rambouillet, où s'assemblaient *Chapelain*, *Scudéri*, *etc.* rue Saint - Thomas du Louvre.

Maison de Racine, dans la Cité, rue basse des Ursins.

L'hôtel de Mesmes, à présent institut des aveugles travailleurs : la banque de *Law* y fût établie.

Hôtel de Sully, habité depuis par *Turgot*.

Maison ci-devant de Mademoiselle Guimard, rue du Montblanc.

Le jardin Beaumarchais, rue St. Antoine.

Boulevards. Promenades. (Quatre rangées d'arbres formant trois allées, celle du milieu pour ceux qui se promènent à cheval ou en voiture, les deux collatérales pour les gens à pied, entourent la ville de Paris et ces boulevards ont ensemble 6,083 toises de longueur. Les boulevards du nord, appelés les grands-boulevards, et les boulevards du midi, appelés nouveaux boulevards, quoiqu'à peu-près disposés de la même manière, ne se ressemblent guères. Ils ont chacun leur physionomie bien distincte. L'ancien boulevard rassemble tous les agrémens que peut produire l'industrie pour désennuyer des oisifs et délasser les gens occupés. Tout y respire un air de féerie et d'enchantement. Surtout les après-midi des dimanches il y a un concours tumulteux de promeneurs et de promeneuses de toute espèce, de tout âge, à pied ou en voiture. Entre la porte *Martin* et la rue de *Menil-Montant*, et depuis les Italiens jusqu'à la rue neuve des capucins, l'affluence est des plus grandes. Les nouveaux boulevards ont le site agréable, le coup d'oeil champêtre, l'air pur; mais on n'y rencontre presque jamais de voiture et d'élégans personnages. C'est une superbe promenade de province. — Outre les promenades publiques, dont il a été déjà fait mention, [les *Tuileries*, les *champs Elysées*, le jardin du *Palais-royal*, le *jardin des plantes etc.*] il y en a encore nombre d'autres; les jardins du *Sénat*, ou Luxembourg, du *Musée*, des *Vosges*, de l'*Arsenal*, [solitaire et occupé par le grenier de reserve. La vue du côté de la rivière, est pittoresque.] *L'esplanade des Invalides*; le *champ de Mars etc.*

Bibliothèques. Musée. Cabinets. Chacune des premières autorités a sa bibliothèque particulière. Mais il y a *quatre* grandes bibliothèques publiques. I. *la bibliothèque impériale*: (elle est ouverte aux hommes de lettres, tous les jours depuis 10 à 2 heures; et pour les curieux les mardis et vendredis aux mêmes heures, excepté les fêtes nationales, et celles de l'ascension, l'assomption, la toussaint, et noël. Cette bibliothèque contient aujourd'hui plus de 350,000 volumes. [V. *le Tite Live*, à moitié déchiré par une bombe.] Près de-là sont 1. la galerie des manuscrits (avant la révolution le nombre des manuscrits montait déjà à plus de 80,000 objets curieux; les plus remarquables sont: le Térence et le Virgile du Vatican; le Virgile de Pétrarque; les antiquités juives de Flavius Josephe; les manuscrits de Galilée; les tables anatomiques de Haller; les lettres de Henri IV. à Gabrielle; les manuscrits de Télémaque; les Mémoires de Louis XIV. de sa main; un coran, qui a appartenu au calife *Haroun-al-Raschid*; la bible latine de Charles-le-chauve, seul monument qui donne une idée de la pourpre antique; les heures d'Anne de Bretagne, ayant à chaque page une plante colorée, avec ses fleurs, ses fruits, et ses insectes parasites; les heures de Louis XIV. etc.) 2. le cabinet de médailles antiques, où se trouve le cabinet de *Caylus*, et où l'on conserve aussi les armures de *Henri IV.* et de *François I.*; les tables isiaques; le fauteuil de Dagobert; le cachet de Michel-Ange, l'épée de Malte etc. 3. le cabinet des gravures. Toutes ces collections déjà si riches de leur propre fonds, ont multiplié leurs trésors, non-seulement par la réunion de beaucoup de dépôts publics et particuliers; mais surtout en recueillant le fruit des victoires de l'Empire. Voyez: Notices et extraits des manuscrits de la bibliothèque publiés par l'institut national de France; et „Histoire abrégée du cabinet des médailles et antiques de la bibliothèque nationale, ou état succinct des acquisitions et augmentations depuis 1759, jusqu'à la fin du siècle. Par *A. L. Cointreau.* A Paris, an IX." [M. *Allard*, dans son *Annuaire*, donne l'apperçu du nombre des volumes de toutes les bibliothèques publiques de *Paris*, la bibliothéque imperiale non comprise. C'est un total de 615,000 volumes.] — II. *Bibliothèque du Panthéon*, ci-devant Ste. Généviève : et le cabinet des antiques; 100,000 volumes. — III. *Bibliothèque de l'Arsenal*: ci-devant du célèbre *Paulmy-d'Argenson*; [150,000 volumes:] parmi les manuscrits se doit trouver celui dont parle M. d'Argenson; dans ses *Mélanges tirés d'une grande bibliothèque*, et qui annonçait d'avance nombre d'événemens des siècles futurs; on montre encore à l'arsenal, le cabinet qu'occupa *Sully*. IV. *Bibliothèque Mazarine* ou des quatre-nations; 80,000 volumes: elle possède les éditions les plus rares. Elle à été considérablement augmentée, par le dépôt de toutes les grandes bibliothèques des départemens. — *Musée impérial d'histoire naturelle*, ci-devant *Jardin-du-Roi*: (ce Musée renferme 1. le jardin botanique, 2. la galerie: 3. la bibliothèque; 4. la ménagerie; et 5. l'amphithéâtre. Le *jardin botanique* formé par *Gui de la Brosse*, médecin de Louis XIII. possède encore le cèdre du Liban, planté par Bernard *Jussieu*, le plus gros que l'on connaisse et peut-être le seul qui rapporte des fruits. Dans les tems des troubles révolutionnaires un boulet a frappé sa cime. Au pied de l'arbre on voit le piédestal de la statue de *Linnée*, brisée par le Vandalisme révolutionnaire. On reconnait les sentimens libéraux du gouvernement actuel et la protection accordée aux sciences, dans l'empressement avec lequel les directeurs de ce jardin, exempts d'une basse jalousie, ne dédaignent pas de faire part de leurs richesses. La *vallée Suisse*, jolie promenade, a été ajoûtée depuis peu au Jardin des plantes. La *galerie*: là sont rangés, placés, étalés, les quadrupèdes, les oiseaux, les insectes, les minéraux, les coquillages; là se trouve le célèbre cabinet d'hist. nat. du *Prince d'Orange*, pris dans la guerre de la révolution. Des caisses renferment d'autres dépouilles et d'autres raretés, qu'on n'a pas encore eu le tems de ranger. On dit qu'une salle entière est destinée pour les curiosités naturelles tirées d'Egypte. La *bibliothèque*: elle contient 10000 volumes; elle est ouverte tous les jours. On y voit entre autres herbiers, ceux de *Tournefort* et de *Vaillant*. La *ménagerie*. Elle est ouverte, savoir depuis 11 heures jusqu'à 1, et depuis 3 jusqu'à 5, pour y voir l'éléphant, les chameaux dromadaires, autruches, kangurous etc. Depuis 11 heures jusqu'à 5, tous les jours pour les autres animaux. L'éléphant, le casouar etc. sont venus de Hollande, et sont comme l'ours de Berne, des trophées vivans remportés par les armées de la France. *L'amphithéâtre*, à l'usage des cours publics de chimie etc. le laboratoire s'y trouve. V. *Ménagerie du Muséum d'hist. nat. par Lacépède et les peintres Maréchal et de Wailly*. Fol. On voit dans un caveau le tombeau et le corps de *Guy de la Brosse*, fondateur de cet établissement; le célèbre *Faujas de St. Fond*, possède le cervelet de M. *Buffon* embaumé, et toutes les pierres qui se trouvaient dans sa vessie. — Le *Musée Napoléon* au Louvre. *) (Collection unique, telle qu'elle n'a jamais existé sur aucun point de ce globe. Les chefs-d'oeuvre de l'art qui se trouvaient déjà en France y sont réunis aux chefs-doeuvre de peinture et d'architecture, que la victoire et les conditions dictées des traités de paix et de neutralité, ont

*) On trouve à l'entrée le catalogue imprimé de la galerie des tableaux. Il faut y laisser les cannes; les enfans n'entrent pas.

enlevé à la Belgique, à l'Italie, à l'Allemagne, pour les concentrer dans ce palais, si digne de son nom. L'Apollon de Belvedère; le Laocoon, le Torse, la Vénus de Médicis, le gladiateur de Borghèse, et nombre d'autres statues du premier rang, naguères la gloire et l'illustration de Rome, et de l'Italie, même la *Pallas* trouvée dernièrement à Vellétri, sont disposées dans plusieurs salles, qui en portent les noms. Le Musée est composé de 1) la galérie des antiques. 2) de celle des tableaux. 3) de celle des dessins. 4) de la Calcographie. On comptait dans ce Musée au commencement de l'année 1801, 1390 tableaux des écoles étrangères dont 17 de *Raphaël*, (parmi lesquels le premier et le dernier tableau, peint par ce grand maître). La transfiguration par *Raphaël* et *St. Jérôme* par *Dominichino*, sont les deux principaux tableaux; 270 tableaux de l'école française ancienne, et 1000 de la moderne; 20,000 dessins; 30,000 estampes, 150 statues antiques; et un grand nombre de vases, de marbres précieux et d'autres curiosités; les collections et antiquités de la Villa *Borghèse*; les antiques tirées du *Musée de Portici* à Naples; la broderie de la reine Mathilde. Depuis les campagnes victorieuses de 1806, 1807 et 1809, il faut y ajoûter, un grand nombre d'autres curiosités précieuses: la guerre de la Prusse seule a fourni 50 statues; 273 bustes en marbre et en bronze, 33 dessins, 650 tableaux etc. Le catalogue imprimé de ces dernières richesses de l'art, est de 109 pages. On y remarque les chefs-d'oeuvre de *Cranach*, *d'Albèrt Durer*; la célèbre Leda de *Corrègè*, la statue de la joueuse aux dés, ci-devant à Sans-Souci; les 10 Muses de Potsdam; l'autel de *Crotho*, ci-devant à Goslar; une collection de vases d'ambre jaune; une autre de 1200 Majolicas; la fenêtre de la maison de Pierre-le grand à Saardam; les armures de Guise, d'Eugène, d'Attila etc. ci-devant à Ambras, dans le Tirol, etc. etc. Les étrangers peuvent entrer tous les jours, en présentant leurs cartes. — *Musée des monumens Français*, aux ci-devant Petits-Augustins. (Ce musée est formé de la réunion des monumens, qui étaient placés dans les palais et églises de Paris et des environs, lorsqu'on put les soustraire aux haches, et aux leviers des iconoclastes de 1793. Les étrangers peuvent y entrer tous les jours, en présentant leurs cartes. Plus de trois cens monumens y sont rangés d'après la suite des siècles, à commencer par les antiquités celtes et grecques. Chaque voyageur doit aller contempler ce *memento mori* des grandeurs humaines, ce mélange bizarre et frappant de sarcophages, épitaphes, statues, cippes etc. Paris et tous les départemens y ont contribué. M. *Lenoir* p. e. a retiré du Paraclet que l'on a vendu et démoli les ossemens *d'Héloise* et *d'Abailard*, et les a placés dans une chapelle sépulcrale, bâtie des débris même de leur ancienne habitation. De même on y trouve le monument construit pour la célèbre *Diane de Poitiers* à *Anet*. Dans *l'Elysée* attenant à ce grand et bel établissement, reposent au milieu des cyprès et des peupliers, les cendres de *Molière*, *Lafontaine*, *Boileau*, *Descartes*, *Mabillon* et *Montfaucon*. Voyez la „*Description du Musée des monumens français*, par *Lenoir*: à Paris, An X." et le petit guide du même auteur: *Description histor. et chronol. des monumens réunis au Musée. 5me édition.* 2 *fr.* 40 *cent.* M. *Lenoir* est le fondateur et l'inspecteur de ce Musée. — Le *Musée d'industrie, ou le conservatoire des arts et métiers*: (Réunion précieuse de plus de 20,000 machines, modèles etc. en tout genre, ci-devant épars dans un grand nombre de collections publiques et particulières, qui avaient appartenu ou à des établissemens de l'ancien régime, ou à des seigneurs émigrés ou suppliciés. Il y a trois dépôts; le plus grand se trouve, rue Charonne, dans la même maison qu'a habité *Vaucanson*. Tout sera réuni à la ci-devant abbaye St. Martin) — *Cabinet de l'école des mines*: (ce cabinet est ouvert au public depuis 10 heures jusqu'à 2, excepté les dimanches. Il est situé dans la principale pièce de l'avantcorps du magnifique hôtel des monnaies. Sur le premier palier de l'escalier qui conduit à la galerie, est le buste du fameux chimiste le *Sage*, dont la collection forma en 1778 ce cabinet.) — Les collections précieuses de l'école polytechnique. — Les archives des cartes du dépôt de la guerre. — Les archives des cartes marines et des modèles des vaisseaux: — Le *Musée d'Artillerie*. (On y voit toutes les inventions créées pour la destruction, une collection d'armes à feu, depuis leur origine, et plusieurs armures curieuses, entre autres celles de Godefroy de Bouillon, de la Pucelle d'Orleans, de Louis XIV. provenant de Chantilly et du Gardemeuble — Le *Gardemeuble*: beaucoup des objets précieux qu'il contenait ont été la proie de la révolution ou des voleurs: p. e. le grand diamant connu sous le nom du *Régent*, fut rétrouvé dans un grenier, et sert à présent à orner l'épée de l'Empereur. On a placé quelques armures rares et précieuses au cabinet des antiques. On conserve encore au Gardemeuble quelques morceaux capables de satisfaire la curiosité de l'étranger. — Le *Musée de mécanique.* — Parmi les cabinets des particuliers, il faut noter le cabinet d'instrumens de physique du professeur *Charles*, et le Musée de démonstration de physiologie et de pathologie du professeur *Bernard:* ce muséum est un de plus beaux et des plus curieux de la France. Au cabinet d'hist. nat. de Mlle. *Gaillart*, rue du Paon St. Victor, on trouve un abrégé des 3 regnes de la nature. Les personnes, qui achètent, sont dispensées de payer 1 franc pour l'entrée. L'académie des beaux arts des Frères *Piranesi*, renferme tout ce que l'art du dessin peut offrir d'intéressant; la collection entière se vend 1863 livres. Le local est à l'ancien collège de Navarre, ci-devant fameuse école de théologie; on y jouit d'une superbe vue, qui domine au loin sur Paris. *Note.* La *bibliothèque impériale*, le *musée d'hist. naturelle*, le *musée Napoléon*, et le *musée des monumens François*, sont uniques en Europe; les savans, les artistes, les amateurs de tous les pays, devaient y accourir; car, quelles jouissances ne leur promet-il pas ce voyage à Paris! Heureusement la visite de tant de merveilles de l'art et des sciences n'exige aucuns frais. L'entrée est *gratis*. Cependant nous conseillons au voyageur, de faire la connaissance du Sénateur *Grégoire*, de M. *Millin*, homme de lettres aussi aimable que complaisant, de M. *Lacepède*, et de quelques autres artistes et savans. Il faut, que dès son arrivée il se trace un plan de sa tournée à l'aide du *Panorama de Paris*, joint à ce *Guide*; dans ce plan doit entrer le calcul de l'éloignement des édifices où ce trouvent placées les collections, et des jours d'ouverture. Mais l'entrée n'est jamais réfusée aux étrangers, qui la demandent aux jours non fixés, et l'on ne paye alors qu'une gratification très-légère.

Etablissemens littéraires et utiles. L'université impériale, rétablie en 1806. * L'institut impérial: (formé des restes des ci-devant académies. Cet institut est divisé en quatre classes, et chacune de ces classes en plusieurs sections.) — * Le collège de France — quatre lycées et 46 écoles secondaires. — L'Athénée des arts: La société est divisée en 6 classes. Son annuaire parait tous les ans. — L'Athénée de Paris: (*Fourcroy*, *Boldoni*, *Mercier* etc. y tiennent des cours de chimie, de langue italienne, de morale. Le prix modique de la souscription est de 96 francs pour les hommes, et de 48 francs pour les dames. L'Athénée est ouvert tous les jours aux souscripteurs depuis 9h. du matin.) — *La société libre des sciences, lettres et arts de Paris. — *L'institut des aveugles travailleurs: (cet institut a été le berceau du culte Théo-philanthropique, qui ne s'assemble plus depuis la réorganisation du culte catholique. C'est dans le même local, ci-devant hôtel de Mesmes, que mourût le connetable *Montmorency* en 1567, et que *Law* y établit cette banque ingénieuse, qui se vit revivre dans les assignats de la révolution.) — *L'institut des sourds-muets. On est admis aux exercices de ses élèves le 2. et le 4. jeudi de chaque mois, moyennant un billet d'entrée, qui ne sert que pour une seule personne, et qu'il faut aller chercher soi même. — *La société des inventions et découvertes — la société statistique — *la société des amis des arts — la société d'agriculture — la société philomatique: (son bulletin est très-estimé des Savans.) — La société de médecine: — la société d'écriture. (Elle possède les chefs d'oeuvre originaux des *Alais*, des *Sauvage*, des *Paillasson*, des *Rossignols*, des *Roland*, etc.) — L'Athénée des étrangers (outre les séances littéraires, il y a une fois par mois un concert, et trois bals par mois pendant l'hiver. On y trouve une excellente société: prix d'abonnement, 36 francs pour 6, 24 francs pour 3, et 60 pour 12 mois.) — *La société philotechnique — *le Prytanée français à St. Cyr, non loin de Paris — les 4 lycées, impérial, Napoléon, Charlemagne, Bonaparte — *les écoles publiques: (savoir: polytechnique; des mines; de santé; de peinture; vétérinaire; de pharmacie, de natation, de dessin etc.) — *le conservatoire de musique. (v. sur le concert *Clery*, les lettres de Mr. *Reichardt*.) — *la société galvanique etc. — *les thés littéraires de Mr. *Millin*, les mercredis, entre 8 et 11 heures du soir: l'on ne saurait trop recommander aux Savans étrangers de tâcher d'y être introduits; — *Note.* Nous avons marqué d'un * les établissemens et instituts qui méritent le plus de fixer l'attention du voyageur. Il existe plusieurs *cabinets littéraires* à Paris; les plus considérables et les plus commodément placés sont ceux de *Brigitte Mathey* (grande cour du Palais du Tribunat, sur le trottoir: 30 cent. par séance, 6 francs par mois,) et du cercle littéraire, vis-à-vis du théâtre de la république; (25 cent par séance, 4 francs par mois.) On y trouve tous les Journaux français, allemands, anglais etc. — Il y a à Paris quatre rotondes, qui renferment autant de *Panoramas*.

LA SEMAINE DU CURIEUX.

Ce Tableau présente, sous un seul coup-d'oeil, les jours et heures où les divers établissemens sont ouverts.

OBJETS A VOIR.	Lundi.	Mardi.	Mercredi.	Jeudi.	Vendredi.	Samedi.	Dimanche.	Heures.	Clôture.
Musée Napoléon, ...	..	..	..	..	..	—	—	10	4
— du Luxembourg, ...	—	—	..	..	..	..	—	10	4
— de Versailles, ...	..	..	..	..	..	..	—	10	4
— des Petits Augustins, . .	..	..	..	—	..	..	—	10	4
— d'Artillerie, ...	..	..	..	..	..	..	—	11	—
Cabinet de la Monnaie, . .	—	—	—	—	—	—	—	10	1
Musée d'hist. nat.	..	—	..	..	—	..	..	3	5
Gobelins, ...	—	—	—	—	—	—	..	10	1
Savonnerie, ...	—	—	—	—	—	—	..	10	1
Bibliothèque Impériale, . .	..	—	..	..	—	..	..	10	2
— de l'Institut, ...	..	—	..	..	..	..	..	10	2
— du Jard. des Plantes. . .	—	—	—	—	—	—	—	10	2
— de l'Arsenal, ...	..	..	—	—	—	..	..	10	2
— de St.-Antoine, ...	..	..	..	—	..	—	..	10	2
— Mazarine, ...	—	—	—	..	..	—	..	10	2
— du Panthéon, ...	—	—	—	—	—	—	..	10	2
Salpétrière, ...	..	..	..	—	..	..	—	10	4

Nota. Le tiret indique les jours d'ouverture.

Fabriques. Manufactures. Les Gobelins: — (Gilles *Gobelin* de Rheims, le plus fameux ouvrier pour la teinture en laine, sous le regne de François I. bâtit cette maison. Rien n'est plus beau que les ouvrages qui sortent de cette manufacture, soit en haute-, soit en basse-lisse, et qui peuvent le disputer pour l'effet, la force et la vivacité des couleurs, aux tableaux des grands maîtres. Une seule figure demande deux à trois années de travail, et le prix, à ce qu'on m'assurait, est de 6000 livres. Les bustes de *Colbert* et de *le Brun*, ornent les appartemens de l'hôtel.) — la manufacture des tapis de pied, à la façon de Perse, dite de la Savonnerie, à Chaillot — la manufacture de tapis veloutés de Mr. Salladrouze — la manufacture des glaces. C'est à *S. Gobin* en Picardie que l'on coule ces glaces. Cette manufacture fournit les plus grandes que l'on connaisse. Elles vont jusqu'à 120 pouces de hauteur — la manufacture des Porcelaines à *Sèvres*, bourg sur la route de Versailles, dont les fabrications et ouvrages, surtout pour la dorure et la peinture sont partout rénommés; les heures de travail sont celles de 9 à midi, et de 2 à 6 h. de l'après-midi. — Le pont est fameux par le coup hardi, qu'un parti allemand y effectua dans la guerre de 1707; La fabrique des porcelaines de M. M. *Dihl* et *Gérard* à Paris, boulevard du Temple, qui rivalise avec celle de Sèvres, et la surpasse quelquefois. — Les manufactures de poterie d'Angleterre; de tapisseries et tapis d'Aubusson; de verrerie; de papiers-peints (au coin de la rue ci-devant Louis-le-grand, des atteliers immenses où 200 ouvriers sont occupés journellement); de sparterie; de dentelles de point etc. des fabriques de cartes à jouer; d'étoffes de Paris; des draps d'écarlate, dit *Julienne*, de taffetas de France; de stuc; d'acier minéral; de cristaux; de plomb laminé; de crayons; de chapeaux; de parfums; d'ouvrages d'orfèvrerie et d'horlogerie; d'instrumens de chirurgie; de fleurs artificielles; de perles; d'ébénisterie et de meubles etc. (Les nippes et marchandises de mode, mettent toute l'Europe à contribution. Les presses de *Didot* et les éditions stéréotypes, rue de Lille, sont recherchés par les savans voyageurs.)

Spectacles. Jardins. Bains. Suivant l'arrêt du Ministre de l'Intérieur du 25 d'Avril 1807, les théâtres de Paris consistent: 1. en trois grands théâtres; et 2. en théâtres secondaires. I. *Grands théâtres:* 1. Théâtre français, auquel est annexé le Théâtre de l'Impératrice; 2. Théâtre de l'opéra, ou académie impériale de musique; 3. Théâtre de l'opéra-comique, auquel est annexé l'opéra buffa. II. *Théâtres secondaires:* 1. Théâtre du vaudeville; 2. Théâtre des variétés, ou des pièces grivoises et poissardes; 3. Théâtre de la porte St. Martin, destiné au gen-

genre, appelé Mélodrame; 4. Théâtre dit de la Gaîté, autrefois *Nicolet*; 5. Théâtre des variétés étrangères. Les autres Théâtres, dont le nombre est assez grand, et qui ont existé avant ce décret, sont considérés comme annexes ou doubles des Théâtres secondaires. Aucun de ces théâtres ne peut jouer de pièces, qui sortiraient du genre qui lui a été assigné. — Amphithéâtre de *Franconi*, (d'exercices d'équitation et de voltiger à cheval.) — le combat du taureau — la Fantasmagorie — les tours d'adresse — le spectacle pittoresque etc. — Cabinets de figures en cire de la veuve *Curtius*, et du sculpteur *Orsy*; parmi les curiosités du cabinet *Curtius*, se trouve la chemise que portait Henri IV. lorsqu'il fut assassiné. — Récréation de physique amusante du citoyen *Perrin*. — Il y a un grand nombre d'édifices et de *jardins publics*, consacrés aux fêtes champêtres, aux bals, feux-d'artifice, expériences aërostatiques, et à d'autres divertissemens: P. e. *Frascati*: (dans la belle saison, entre minuit et une heure, on y trouve assemblée la bonne société. On vante le punch à la Romaine, et les glaces. La *Frascatana*, ce sont des glaces de l'invention du propriétaire.) *Tivoli* (ci-devant *Jardin-Boutin*, très-fréquenté; le prix d'entrée est de 3 francs.) *l Elysée* ou *hameau de Chantilly*, Jardin des plus beaux et des plus pittoresques, où le public se livre à tous les amusemens que permet la riante saison. On y entre par billets payans) — Le jardin Turc: Paphos: jardin de Henri IV. Colysée. Sans faire l'énumération des *Jardins non-publics*, mais remarquables par leur grandeur et leur beauté, tels que le Parc de Monceaux; l'Italie; Jardin-Biron; Jardin-Monaco; Jardin-Beaujeon; Colysée ou Vauxhall etc.

Les *bains-Vigier*, situés sur la Seine: (cet établissement mérite l'attention et l'admiration des étrangers; il est ouvert en tout tems: cinq billets pris à la fois, coutent 6 francs 25 centimes.) — On compte encore un grand nombre de bains publics sur la rivière.

Indications extraites de l'itinéraire d'un amateur. M. *Odiot*, premier orfèvre de Paris . . . M. *Rouget*, sa boutique l'une des meilleures et des plus riches en pâtisseries: on cite surtout ses galantines. . . . *Hôtel des Americains*, l'abrégé du monde gourmand et friand, et où l'on peut faire le cours le plus complet de géographie nutritive . . . M. *Corcellet*, tient la plus belle boutique de comestibles, qui soit au Palais du tribunat . . . M. *Berthellemot*: son magasin est la meilleure boutique de confiseur qu'il y ait dans ce palais et à Paris . . . *Hôtel des domaines*, renommé pour les déjeuners à la Lyonnaise . . . *Hôtel de Choiseul*, riche entrepôt de meubles magnifiques . . . M. *Garchi*: son superbe palais, et la haute réputatiton de ses glaces . . . M. *Rat*: sa boutique d'entrepôt des célèbres pâtés de canards d'Amiens. . . . *Rocher de Cancale* et *Parc d'Etretat*; c'est là qu'on mange à toute heure les meilleures huîtres de Paris . . . M. *Clément*, et Mad. *Fontaine*, célèbres fruitiers-orangers . . . M. *Oudard*: sa boutique, la première fabrique de sucre-d'orge. . . . M. *Bordin*, ses moutardes, ses vinaigres de table et de toilette . . . M. *Lange*, sa superbe fabrique de lampes à double courant d'air . . . M. *Guélaud* confiseur, surtout pour la partie des fruits à l'eau de vie . . . M. *Fargeon*, célèbre parfumeur, et son excellente eau de fleur d'orange . . . M. *Leblanc*, rue de la Harpe, illustré par les pâtés de jambons de Bayonne . . . M. *Hémart*, de très-bon pain d'épice . . . Mad. *Lambert*, l'une des meilleures boutiques de fromages à la crême . . . Frères *Erard*; leur magasin, surtout pour les pianos et les harpes généralement recherchées et estimées.

Prix de différentes choses. Un valet de place, 4 Francs par jour: repas chez un restaurateur, y compris le vin, 12 Francs: Thé de première qualité, chez *Millot*, rue Montmartre, 18 Francs par livre. Visite d'un chirurgien, 1 Fr. 40 cent. Visite d'un médecin, 10 Fr. la première, 6 Fr. chaque suivante etc. Coëffeur de femmes; 36 livres par mois: coëffeur d'hommes, 12 livres.

Environs de Paris.

Fontainebleau: (l'escalier du fer à cheval est regardé comme un chef-d'oeuvre: On compte dans ce château 900 chambres; le bassin est de 30 toises, le canal de 586 t. de longueur. Sous la galerie des cerfs, ornée de peintures qui représentent avec une exactitude singulière les chasses de *Henri IV.*, à l'endroit où l'on apperçoit une petite croix, fut assassiné le 6. Novembre 1657 le Marqui *Monaldeschi*, par ordre de *Christine* de Suède, dont il était grand-écuyer. On conservait son épée et sa cotte d'armes, à la Bibliothèque de l'Ecole militaire, mais j'ignore ce que sont devenues les lettres de la Reine, ci-devant à la bibliothèque des Mathurins à Fontainebleau. L'étang dans les Jardins est rempli de vieilles carpes d'une grosseur prodigieuse. Le parc est terminé par une étoile, distribuée en 8 grandes allées. Une vaste forêt entoure le bourg: Cette forêt, ces vieux chênes, ces rochers variés, noires, informes, sont d'une beauté effrayante: V. sur les vipères de cette forêt, les *Observations du D. Paulet. Fontainebleau.* 1805. 8. Suivant l'A. J. la population est de 7,421 a. *Fontainebleau* est le chef-lieu de la première cohorte de la légion d'honneur. — *St. Cloud*: (l'heureuse situation de ce château, les peintures de sa galerie, la beauté de ses eaux et de la cascade, et le riche ameublement des nouveaux appartemens, rendent St. Cloud digne de la curiosité des étrangers. *St. Cloud* brille aussi dans les fastes de l'histoire par la journée du 18. brumaire (9. Novembre 1800.) Sur une esplanade appelée *la Balustrade*, on découvre Paris dont l'immensité étonne. Dans l'église collégiale au haut d'une colonne torse, on gardait ci-devant le coeur de Henri III. assassiné à St. Cloud par le Jacobin, *Clément*. *Avis*. Un avantmidi Parisien, de 8 à 5 heures, suffit pour réunir les curiosités de *Sèvres*, de *St. Cloud*, et de *Bellevue*. [V. ci-après.] en déjeûnant à St. Cloud sur la terrasse, et visitant sur le retour, le *moulin-neuf*, à cornets de fer-blanc. — *Luciennes*, (fameux par le pavillon de feue la Comtesse *du Barri*. La perspective immense dont on jouit à Luciennes, est l'ornement de ce séjour. Mais la main du vandalisme révolutionnaire est empreinte sur les ornemens de ce temple des arts et des grâces.) — *Marly*: Il ne reste plus que les murailles du château de Marly, devenu une manufacture de draps et de filature; mais elle existe encore, la *machine hydraulique*, inventée par un nommé *Rannequin Sualem*, qui ne savait pas même lire. Elle donnait en 24 heures 2,737 1/2 muids d'eau. Une troupe du peuple de Paris ayant enlevé de Marly, lors de l'approche des Prussiens, le fer et le bronze; la machine, et plusieurs statues antiques, ont été ou détruites ou endommagées. On vient de rétablir ou de remplacer la machine, par des beliers hydrauliques. Il est un lieu à l'extrémité de la forêt de Marly, nommé *le désert*, où l'on trouve des points de vues pittoresques, et qui mérite d'être vû, quoique fort dégradé, pour les singularités de l'édifice.) — *St. Germain-en-Laye*: (Magnifique situation; la terrasse près du boulingrin (dénomination introduite en France, par *Henriette d'Angleterre*,) et une autre, la plus longue qu'il y ait au monde, l'ouvrage de *le Nôtre*, offrent un lointain immense, et le tableau le plus agréable. On sait, que Louis XIV. abandonna St. Germain-en Laye, où il était né, pour Versailles, parcequ'on apperçoit de St. Germain le clocher de *St. Dénis*, ci-devant tombeau des anciens rois de France. Un collège du Prytanée y a été établi. Il y a ici une maison d'éducation de Mad. *Campan*.) — La *Muette* est un pavillon placé dans la forêt de St. Germain; il est surmonté d'un belvédère d'où l'on jouit d'une charmante vue. L'Empereur chasse souvent dans la forêt de St. Germain. — *Bellcville*: (village, qui domine Paris par sa situation, et présente le coup d'oeil le plus étonnant, que l'on puisse imaginer.) — *Passy*: (son voisinage de la capitale, du bois de Boulogne, de la Muette, de Ranelagh, les belles maisons qu'on y trouve, ses eaux minérales, (que l'on divise en anciennes et nouvelles; l'air pur qu'on y respire, la vue charmante dont on y jouit, rendent ce village l'un des plus agréables des environs de Paris. La belle maison de M. de Caumont fut habitée par *Franklin*. — *Bagatelle*: (charmant jardin, appartenant ci-devant au Comte d'Artois; le château est occupé à présent par un restaurateur. Les étrangers ne visiteront pas ce joli séjour, sans en emporter d'agréables souvenirs). — *Sceaux-Penthièvre*: (La charrue a labouré le terrain sur lequel se trouvaient le château de Sceaux, et ses jardins, où erraient sous de magnifiques lambris et des bosquets paisibles, l'aimable Duchesse du Maine, Fontenelle, La Motte, St. Aulaire etc. Il ne reste que l'orangerie, dont la commune a fait l'acquisition. Les ouvrages de la manufacture de faïence et des porcelaines, sont très-estmiés.) — *Chantilly*: (par la rare magnificence de ses jardins, et de ses appartemens, par les *Montmorencys* et les *Condés*, qui l'ont habité, Chantilly offrait le spectacle le plus varié, le plus intéressant, le plus magnifique. Mais hélas! le Chantilly d'aujourd'hui, n'est plus le Chantilly d'autrefois. Le château est abattu jusqu'aux premières voûtes, les bassins sont comblés, la belle colonne de porphyre marquant les heures de toute la terre, a été emportée;

le cabinet d'armes est pillé, l'île d'Amour, le pavillon de Vénus, sont devenus des champs de pommes de terre; le canal des truites est une eau stagnante; le bosquet du Labyrinthe est rempli de ronces et d'herbes; la superbe allée des maronniers est abattue; la ménagerie, les ponts, la côte Grognon, les cascades, les grottes, la galerie des vases etc. sont jetés à bas ou détruites; le château d'*Enghien* sert de caserne à la cavalerie, et les écuries, nullement entretenues, sont occupées par le même régiment). — *Ermenonville*: (un site heureux, dont le charme est encore augmenté par la main du génie et du goût, caractérise cet aimable séjour. Il en existe une description détaillé, ornée d'estampes. Dans l'Isle des peupliers *reposa**) *l'homme de la nature et de la vérité*, *J. J. Rousseau*, avant qu'on transportât ses cendres à Paris: non loin des cendres de Rousseau à Ermenonville, étaient placées celles de *Meyer*, Génevois, peintre célèbre dans le genre de Berghem. Deux pierres blanches marquent l'endroit, où fut enterré un jeune inconnu, qui se tua par un désespoir amoureux, après avoir fait un court séjour à Ermenonville. Ce qu'il y a de mieux à Ermenonville, est la vue que forment les ponts près du château.) — *Morfontaine*, superbe château, appartenant au Roi *Josephe Napoléon*, près d'Ermenonville; il y a de très-belles parties dans ce jardin. — *Compiègne*: (cette ville est embellie par sa situation, par un beau pont, par plusieurs promenades, et surtout par le ci-devant château, qui sert à présent au collège du Prytanée. L'écusson de France sculpté par *Costrou* a été mutilé en 1793 par un tailleur de pierres, qui y substitua un bonnet. L'église de Ste. Corneille a possedé les premiers orgues qui aient paru en France. La *pucelle d'Orléans* fut prise au siège de cette ville dans une sortie, et brulée vive à Rouen. Sous Louis XV. les camps de Compiegne ont été célèbres; plusieurs de ces camps portaient le nom de *Verberies*. — Le château de *Liancourt*: les cascades, la machine hydraulique etc. — *Franconville*: (ce lieu est remarquable par plusieurs belles maisons de campagne, surtout par celle du comte *d'Albon*, sur le bord du grand chemin qui mène à Pontoise. Le célèbre *Court de Gébelin*, auteur du monde primitif, est inhu-

*) Depuis l'exhumation de J. J. on a changé le *repose* de l'inscription, en *reposa*.

mé dans les jardins de cette maison d'*Albon*. On lit sur sa tombe: *Passans, vénérez cette tombe, Gébelin y repose.*) — *Rainsi*, près de Paris: jardin anglais très-orné et fort agréable, mais manquant de grandes masses, et de grands espaces. — *Vincennes*. Le fameux donjon, forteresse gothique, continue de servir de prison. Une manufacture de porcelaine est placée du côté du donjon. — *St. Dénis* (appelé un moment *Franciade*): Population, 4,425. L'église de l'abbaie, était d'un très-beau gothique. Les tombeaux et mausolées des Rois de France, et ceux de *Guesclin et de Turenne*, et le trésor de cette abbaie, étaient des objets, qui attiraient un grand concours des curieux, et méritaient l'attention des voyageurs. Mais le vandalisme, dans les tems malheureux de la *révolution*, profanant l'asyle des *morts*, enleva, ou détruisit les mausolées, dont on voit une partie à Paris dans le Musée des monumens Français, et jeta les cendres de tant de souverains et héros dans une fosse commune. *Mercier* raconte, que le corps de *Louis XIV*, en y tombant éleva le bras droit, comme s'il voulait menacer les familiers de la cohue Jacobine. On vient de recouvrir et de réparer l'abbaie; l'église a été désignée de nouveau, pour être la sépulture des Empereurs, et on y a dressé trois autels expiatoires. On conservait jadis à *St. Denis* un grand nombre de choses rares, tant profanes que sacrées, p. e. le vase d'agate orientale, le plus beau et le plus rare dans ce genre qui représente une fête célèbre en l'honneur de Bacchus etc. *V. Coup d'oeil historique sur la ville et l'église de St. Dénis, avec le plan. Paris*, 1802. *chez Debray*. — la belle *vallée de Montmorency*: (au cheval blanc, chez *Leduc*, bonne auberge.) on y visite le château de chasse et l'hermitage où séjourna *Jean-Jacques*; le célèbre *Grétry* l'occupe à présent; on y voit aussi la jolie maison qu'habita *St. Lambert*; elle appartient à présent à l'ex-directeur *Gohier*. Dans l'église de *St. Gratien*, village proche l'étang, sont déposées les cendres du grand *Catinat*. — *Méréville*, à 15 lieues de Paris; ce jardin appartenant à M. de la Borde a coûté des millions, il est d'une excessive magnificence, et l'emporta en étendue sur tous ceux qui sont en France. — *Betz*, à quelques lieues de Paris: (cest le jardin anglais en France, qui mérite le plus d'éloges; il est l'ouvrage d une femme, de Mde. la princesse de Monaco: toutes le fabriques en sont charmantes, ingénieuses, entre autres les superbes ruines d'un château du tems de l'ancienne chevalerie; les tombeaux, qui sont ce qu'on peut voir de plus noble et de plus beau dans ce genre; le temple de l'amitié d'une excellente architecture, renfermait ci-devant le beau grouppe de marbre de *Pigal* représentant l'amitié embrassant l'amour. — *Les jardins d'Arnonville*, près de Paris, un des plus beaux dans l'ancien goût français. On admire la machine de M. Parcieux et le beau coup d'oeil que présente le village. — *Malmaison*; le séjour favori de l'Impératrice *Joséphine*. *Malmaison* est situé à peu de distance de *Ruel*, où était la maison de Campagne du célèbre cardinal de *Richelieu*, dont on voit encore les vestiges. Le château de *Malmaison* renferme nombre de tableaux remarquables tant par leur beauté que par leur sujet, on admire surtout le portrait de *Napoléon*, peint par *Isabey*. Le jardin de *Malmaison* est devenu l'un des plus beaux et des plus curieux de la France. Voyez pour la Botanique, l'ouvrage de Mr. *Ventenat*, qui contient la déscription des plantes. On ne saurait trop recommander aux voyageurs allemands, de s'adresser à leur compatriote, l'honnête et instruit *Bernhard*. On peut réunir les curiosités de *Malmaison*, de la *machine de Marly*, et de *Luciennes*, en dînant avec une matelotte et une bouteille de vin de Pommerd, chez la veuve du portier de la machine de Marly. C'est à *Nanterre*, village entre Paris et Malmaison, que des paysannes jolies vous offrent des petits gâteaux délicats à acheter. — *Bellevue*; Maison de campagne de la *Pompadour* renommée ci-devant par sa magnificence, et offrant une vue superbe, au nord du château, sur des plaines immenses, des bois, des villages, des châteaux, Paris et la Seine. Cette maison appartient à présent à la famille *Lanchère*. — *St. Brice*. Magnifique château, dont le général *Macdonald* est à présent posesseur. — *Buitar*. Site romantique; le pavillon où Louis XV. se délassait de la chasse, a éte acquis par le notaire *Pérignon*. — *Mont-Merlin*: joli hermitage, dont *Merlin* de Thionville est propriétaire et qui a éte élevé sur les débris du couvent du Mont-Valérien. — *Choisi*: château où se rendait souvent *Louis XV*. avec la *Pompadour*. La Charrue révolutionnaire a labouré ses superbes jardins: le labyrinthe seul a échappé à la déstruction. L'auteur de l'art d'aimer, *le gentil Bernard*, était bibliothècaire de *Choisi*. — *Ecouen*: le château appartenait à la maison de *Montmorency*: on y admire quatre colonnes, uniques en France par leur hauteur et leur proportion. Le bâtiment a seul résisté à la foudre révolutionnaire; tout le reste a été mutilé ou brisé. — *Château-Gaillard*: superbe jardin, rénommé par ses magnifiques plantations et son site pittoresque. — *Gros-Bois* à 6 lieues de Paris; les jardins sont spacieux et agréables, et le parc contient 1700 arpens. Ce château appartenait à *Moreau*. — *Longchamp*: consigné dans les fastes de Paris, par les brillantes promenades de la semaine sainte; l'abbaie est aujourd'hui transformée en métairie. — *Maupertuis*: à 12 lieues de Paris, château et jardin pittoresque: on y trouve véritablement l'image de l'Elisée si vanté par les poètes. *Moulin-joli*: jardin délicieux de feu M. *Watelet*. — *Neuilly*: les jolies maisons et jardins de M. *Radix de Ste. Roy*, et Madame *Hainguerlot*: de M. *Lannoy* — *Soissy-sous-Etiole*. Les jolies maisons et jardins du général *St. Hilaire*: du général *Mathieu Dumas*; de M. *Davelouis*. — *Villefrit*. Jolie maison de campagne, à 3 lieues de Paris. — *Yeres* à 1/2 lieues de Paris; remarquable par la source *Budé*, l'une des plus belles qu'on puisse voir: on y visite aussi le château de la Grange, et le parc de Mad. Dauberville. —

INSTRUCTIONS

pour l'Etranger.

Arrivée a Paris. L'étranger doit avoir pris avant son départ l'indication d'un hôtel garni ou l'adresse des personnes chez lesquelles il veut demeurer. Alors il lui suffit d'en instruire le postillon. S'il arrive par la diligence, il trouvera dans le bureau même des gens qui s'offriront à le conduire, ou bien il pourra prendre un fiacre auquel il donnera son adresse. Si l'on n'a point de logement qui convienne particulièrement, on peut s'en remettre au postillon en lui nommant le quartier de Paris où l'on veut loger, jusqu'à ce qu'on trouve par soi-même ce qui convient.

Logemens. Le prix des logemens dans les hôtels garnis n'est point déterminé; il se règle sur l'avantage de la situation, la beauté du local, le luxe de l'ameublement ou même sur la vogue. *Dans tous les cas, le prix* convenu n'est jamais que pour le logement. La lumière, *le feu se paient à part.*

On peut trouver, dans les quartiers moins fréquentés que ceux du Palais - Royal, des Tuileries ou de la Chaussée d'Antin, des hôtels garnis très-commodes à un prix modéré.

Quand on veut demeurer long-tems à Paris, on peut encore chercher une manière plus économique de se loger; on trouve assez communément des appartemens meublés dans des maisons particulières. On peut consulter pour avoir des renseignemens sûrs à cet égard, les journaux qui paraissent tous les jours sous le titre de *Petites Affiches*, celui d'*Indications* et le Supplément du *Journal de Paris*, à l'article des Maisons et Appartemens à louer. Il faut aller visiter soi-même le local; car si ces logemens sont moins chers que dans les hôtels garnis, ils sont ausi moins commodes. Ces feuilles indiquent quelquefois des personnes qui en louant leur appartement prennent la personne en pension. Au reste, *cela se fait rarement.*

Une troisième manière de se loger et qui convient aux personnes qui veulent passer au moins six mois à Paris, est de louer un appartement vide, et de le meubler; on trouve facilement des tapissiers qui louent les meubles nécessaires.

En général, on peut diviser les quartiers de Paris de la manière suivante: La Chaussée d'Antin pour les négocians et banquiers; le quartier St. Denis pour les marchands; les quais de Voltaire et des Augustins pour les libraires; le faubourg St. Germain pour les ministres; le quartier du Palais-Royal et des Tuileries pour les curieux. Les prix varient suivant le local: p. e. un voyageur de ma connaissance eut à l'hôtel de Toscana, un appartement de 4 pièces, pour 360 Fr. par mois, à l'hôtel de Piémont pour 160 Fr.; à l'hôtel de Dijon pour 150 Fr. plusieurs voyageurs m'ont vanté l'hôtel Grange-Batelière, d'autres, l'hôtel de l'Europe, rue Richelieu. M. *Reichardt* de Berlin, recommande dans ses lettres, l'hôtel des Languedociens, rue de la loi, et l'honnêteté des propriétaires. Pendant mon séjour à *Paris*, avant la révolution, j'ai logé à l'hôtel de Lancastre, rue de Richelieu, à présent, hôtel de Strasbourg, à 40 pas du palais royal, et je n'ai eu qu'à me louer de mes hôtes.

Domestiques. L'étranger logé en hôtel garni trouvera des domestiques de louage attachés à l'hôtel et qu'il prendra à la semaine, ou au mois, ou au jour.

Si l'étranger est dans un logement particulier et qu'il soit sans connaissances, il pourra demander, par la voie des journaux ci-dessus, des domestiques de l'un ou de l'autre sexe, avec l'âge et les qualités qu'il desire, en indiquant son heure. Le prix de ces annonces est ordinairement de 2 à 3 francs: il y a aussi des bureaux où l'on place les domestiques.

Si l'on n'a point de domestique, on peut obtenir de celui de la maison les petits services d'usage; c'est une chose à laquelle les maîtres se refusent rarement. Les portiers peuvent aussi être utiles pour les envois ou commissions.

Cependant on se sert plus communément pour cela de *commissionnaires*, pour la plûpart adroits, intelligens et surtout très-fidèles. Pour les transports, soit sur les crochets, soit sur les voitures à bras, soit sur les brancards, on fait un prix avec eux. Le prix d'une commission ordinaire, pour une lettre, par exemple, est depuis 6 sous jusqu'à 24 sous, suivant les distances.

Repas. Un étranger peut, s'il veut, ou tenir son ménage ou se faire apporter du dehors: s'il veut déjeûner ou dîner chez soi, il envoie chez le cafetier ou le restaurateur. Le premier a des garçons qui vont partout, mais il est quelquefois difficile de faire venir le restaurateur, surtout pour une personne seule; alors on est sujet à attendre, et l'on est souvent mal servi; mais s'il est question de plusieurs personnes, la chose alors est très-facile.

Le repas en règle, commence vers les 6 heures de l'après-midi, et se prolonge jusqu'à 9. Ordinairement il est précédé de deux déjeûners, dont le second, dit *à la fourchette*, est d'une respectable solidité.. V. pour tout ce qui regarde les moyens de faire bonne chère à Paris, en friandises, boissons, liqueurs, sucreries etc. et en général, pour l'Itinéraire nutritif et friand, l'*Almanach des gourmands*, cet immortel ouvrage de Mr.

Grimod de la Regnière, et que le Public, depuis qu'on le publie chaque année (1803 — 1809) a bien voulu prendre pour guide dans toutes ses emplettes alimentaires.

CAFÉS. Les cafés de Paris sont de grandes boutiques entourées de petites tables de marbre; le déjeûner est servi sans nape, on y trouve du café, du thé, du punch, de la limonade, toutes sortes de liqueurs, de la bière, mais point de vin, excepté dans les cafés où l'on déjeûne à la *fourchette*; c'est-à-dire, avec des côtelettes et des viandes froides, accompagnées d'un excellent vin de Bourgogne. Ces déjeûnés qu'on trouve aujourd'hui en bien des endroits, ont été mis à la mode par *Hardy*, au coin de la rue Cérutti; il est rivalisé par *Tortoni* son voisin.

Le prix du café et des liqueurs est fixé: on paie au comptoir: on donne, si l'on veut, quelque chose aux garçons; mais jamais ils ne demandent rien.

On ne déjeûne guères avec une dame dans un café; mais on peut dîner avec elle chez le restaurateur.

Il y a beaucoup d'autres cafés épars dans les différens quartiers; ils forment dans l'hiver de petites assemblées, dont l'unique occupation se borne à jouer une poule au domino ou bien une partie de dames ou d'échecs. Quant aux grottes et estaminets nouvellement établis dans l'enceinte du Palais Royal, ils ne sont ordinairement fréquentés que par les batteurs de pavé, les joueurs, les chevaliers d'industrie et les femmes perdues. Les étrangers doivent toujours se méfier des gens officieux qu'on y rencontre; il n'y a pas de ruses qu'ils n'emploient pour faire des dupes.

Les cafés les plus fréquentés de Paris, sont les café *Conti*, *de Foi*, *du caveau*, autrefois *Valois*, *des étranger* (renommé pour l'excellence de son café à l'eau) de *Tortoni*, (de fort bon chocolat) *Corazza*, (la propriétaire l'une des plus belles limonadières de Paris. On y trouve réuni tous les papiers publics de Paris.) *Zoppi*, (on y prend les meilleures glaces en tasse et les plus copieuses) *du bosquet*: (renommé par la beauté de la limonadière, et embelli par le parfum de mille plantes odoriférantes etc.

RESTAURATEURS. Les restaurateurs ont deux manières de fournir: 1°. *à prix fixe*, et l'on en trouve depuis 30 sous jusqu'à 12 francs par tête pour tel nombre de plats, le vin compris ordinairement: 2°. *à la carte*; c'est-à-dire, d'après un tableau où tous les mêts sont indiqués à tel prix; en sorte que celui qui se fait servir peut fixer lui-même ce qu'il veut dépenser.

On trouve aujourd'hui très-peu de tables d'hôte à Paris: il n'est resté de cet usage que celui de manger chez les traiteurs et restaurateurs dans une salle commune, mais sur des tables séparées. Si l'on ne veut pas dîner dans la salle publique, on vous donne un cabinet particulier. En entrant, on vous apporte un couvert et la *carte* qui contient tous les plats qu'on peut choisir, avec le prix de chaque plat, ainsi que celui du vin. Après dîner on demande la *carte payante* où sont les prix de chaque mêts, conformément à la carte imprimée. On paie ou au comptoir ou au garçon qui vous a servi, en y ajoutant quelque chose pour boire.

Les premiers restaurateurs sont: *Beauvilliers*, rue de Richelieu; *Robert*, *Naudet*, les *trois frères provençaux*, au Palais Royal; *Véry*, aux Tuileries; *Grignon*, rue neuve des petits-champs; le *rocher de Cancale*, rue Mardon; (sur-tout pour les huîtres, et les poissons de mer; Madame *Guichard*, non loin du pont d'Austerlitz, est renommée pour ses matelottes) etc. Mais il y en a une foule d'autres moins chers et où l'on mange très-proprement, surtout ceux du 3e ordre, où la conversation est agréable et même instrnctive.

Un nommé *Boulanger* imagina en 1765 de donner des bouillons et de servir sur des petites tables de marbre, sans nappe, des oeufs frais, de la volaille etc. Il avait mis sur sa porte: *Venite ad me omnes qui stomacho laboratis, et ego* RESTAURABO *vos*! telle fut l'origine du mot *restaurateur*. On dit que cet *ancien* Restaurateur est encore en vie, mais pauvre et loin de l'aisance de ses imitateurs, qui ont avec tant de succès enchéri sur son invention.

VOITURES DANS PARIS. L'étendue de Paris et ses environs qui en font pour ainsi dire une partie essentielle, rendent souvent nécessaire, même dans les plus beaux jours, l'usage des voitures.

On peut s'en procurer de quatre espèces, trois sont exclusivement d'usage et font aussi le service des environs.

1°. *Les remises.* Ce sont des voitures bourgeoises à quatre roues, tres-propres, qu'un carrossier loue au jour, à la semaine ou au mois avec le cocher et les chevaux. Les prix varient suivant l'élégance du train et la beauté des chevaux. On fixe, en faisant le marché, l'heure où l'on prendra et où l'on quittera la voiture. Prix d'un carrosse de remise, 25 à 40 louis par mois, et un au cocher, ou 45 à 50 livres par jour, et 3 ou 4 liv. au cocher.

2°. *Les cabriolets.* On en fait monter le nombre à 2000. Ils sont très-commodes, et les chevaux généralement meilleurs que ceux des fiacres. Il faut laisser aller les chevaux. Il est défendu d'aller dans Paris plus vîte que le trot: on en trouve aussi à louer, aux mêmes conditions chez les carrossiers. Ils fournissent en même tems un conducteur qui, si l'on conduit-soi-même, monte derrière la voiture. C'est encore l'élégance de la voiture et la beauté du cheval qui règlent le prix. Il est défendu de faire mener par des enfans. Prix 1 Franc par course, et 18 à 20 louis par mois, et 1 au cocher.

Ces deux espèces de voitures peuvent faire, à celui qui loue, le même honneur que si elles lui appartenaient, surtout s'il a un cocher et des domestiques à lui.

3°. On trouve à toute heure, jusqu'après minuit, des cabriolets et des voitures à quatre roues que l'on appele *fiacres* et que l'on peut prendre à la course ou à l'heure. Prix: 30 sous pour la course, et à l'heure, 2 Fr. pour la première, et 30 sols pour chacune des suivantes; le double après minuit. On compte environ 3000 fiacres. On ajoûte ordinairement quelques sous que les cochers appelent *le pour boire*, surtout quand la course a été longue: mais quand on a beaucoup de visites à rendre; il est plus avantageux de les prendre à l'heure: ce qui se fait en observant au cocher l'heure à laquelle on monte et l'heure à laquelle on descend. Il est bon de noter le No. de la voiture pour s'en servir à la police si le besoin le requiert. Ce No. se trouve écrit même dans la voiture.

Les carosses ou cabriolets loués au jour, à la semaine ou au mois, sont obligés de conduire dans les environs de Paris, pourvû que la distance ne soit pas assez grande pour qu'il ne puissent pas rentrer en ville la nuit, à moins que l'on n'ait prévu ce cas en les louant. Les cabriolets et les voitures de place peuvent conduire aussi au-dehors; mais alors on doit faire un arrangement particulier avec le cocher, soit pour l'aller, soit pour le retour; les réglemens de Police ne les obligent que jusqu'aux barrières. Le droit de passe est à la charge des cochers. On paye 4 Fr. pour aller à Bicêtre.

VOITURES HORS DE PARIS. On peut se faire conduire plus économiquement dans tous les environs de Paris et en revenir de même, en prenant à celle des portes qui conduisent à l'endroit où l'on veut se rendre, une voiture qu'on appele des *environs de Paris*. La concurrence qui a succédé depuis la révolution au privilège, a tellement multiplié ces voitures, qu'il est rare qu'on en manque. On peut prendre une ou plusieurs places, ou attendre que les autres soient remplies, ou louer la voiture entière à son compte. Les prix ne sont fixés par aucun réglement. Ils varient suivant les circonstances, depuis 25 ou 30 sous jusqu'à 40 sous pour aller à St.-Cloud et même à Versailles. Ils vont quelquefois jusqu'à 3 livres les dimanches et fêtes. C'est surtout pour le retour qu'ils augmentent. Quand on est en nombre suffisant pour remplir la voiture, il est prudent ces jours-là de faire un arrangement avec le conducteur pour l'aller et le retour. Dans le prix des places ordinaires, est toujours compris ce que l'on doit pour la *taxe d'entretien des routes*. Quand on fait une convention particulière pour une voiture, il faut avoir soin de l'y faire comprendre. La plupart des cabriolets pour Versailles, St.-Cloud, St.-Germain, etc. se tiennent à la place de la Concorde et celle de Montmorenci, à la porte St.-Denis; de Seaux, à la place St.-Michel, aux boulevards du Temple, etc.

On a encore, pour aller à certains endroits, la facilité de prendre des voitures d'eau.

On connaît la *galiotte* et le *zéphir* qui font le service de Paris à St.-Cloud; le départ est à 10 heures; on les trouve au-dessous du Pont-Royal, près les Tuileries: le prix des places est fixé. Excepté les fêtes et dimanches où ces voitures sont très-fréquentées, on y est commodément; il faut ajoûter au prix quelques sous *pour St. Nicolas*, (c'est le pour boire des bateliers.) On y trouve assez souvent une compagnie agréable.

Il n'en est pas toujours de même des coches d'eau, dits de Haute-Seine, qui conduisent à Poissy, Choisy, etc., parcequ'ils ne sont pas uniquement destinés pour ces endroits, mais qu'ils font encore de plus longs voyages, ce qui entraîne, pour quelques personnes, la nécessité d'y coucher. De plus, comme ils sont beaucoup moins chers que les diligences, la société en est aussi moins choisie.

TAILLEURS, CORDONNIERS, etc. L'étranger qui veut suivre les modes, même de loin, ne doit point prendre le premier ouvrier venu, il risquerait d'avoir des objets déjà faits depuis un an ou deux; car, ce sont ordinairement les nouveaux débarqués qui vuident les vieux magasins. Il faut aussi, autant qu'on peut, appeler soi-même un tailleur ou un bottier; autrement ils font payer, en surplus, la rétribution qu'ils sont obligés de donner à l'aubergiste qui les appele pour vous. On achète aussi au faubourg St. Germain, des marchandises de bonne qualité, à des prix plus raisonnables, que dans les grands quartiers au-delà de la Seine.

Tems de Séjour. Il ne sera pas mal-à-propos, de faire ici quelques réflexions rélatives à la manière de séjourner à Paris. Ceux qui n'y vont que pour voir le local et admirer les curiosités que Paris renferme, se contenteront de 6 semaines de la saison des longues journées; mais alors il faut être en course depuis le matin, et surtout économiser son tems, en associant la visite des curiosités, voisines l'une de l'autre. On n'a besoin que d'un laquais de louage, et de deux ou trois petits ouvrages faits pour guider les voyageurs. Quant aux autres, qui vont à Paris pour y voir le monde, ils doivent prendre le parti, de faire un séjour de 6 mois au moins dans cette ville.

Service de la petite poste aux lettres.

Le tableau suivant servira de règle pour l'envoi et la réception des lettres.

Heures des levées	*Heures de distribution.*
I. de 6 à 6 1/2.	I. de 7 à 9.
II. de 8 à 8 1/2.	II. de 9 à 11.
III. de 10 à 10 1/2.	III. de 11 à 1.

Heures des levées.	*Heures de distribution.*
IV. de 12 à 12½.	IV. de 1 à 4.
V. de 4 à 4½.	V. de 4 à 6.
VI. de 7 à 8. Cette dernière levée ne se porte que le lendemain à la première distribution.	VI. de 6 à 8.

Service de la grande poste aux lettres à Paris. Tous les jours, avec affranchissement libre jusqu'à la destination: Pour le royaume d'Italie, et le gouvernement au-delà des Alpes; les royaumes de Bavière et de Wirtemberg; les grand-duchés de Wurzbourg, de Bade, de Darmstadt; les villes anséatiques, la Thuringe, Hannovre, Waldeck etc. — Tous les jours, avec affranchissement libre jusqu'à Hambourg seulement: pour le Danemarc, Norwège, la Suède, la Russie, la Lithuanie, Meklenbourg, Holstein, Oldenbourg, Brunswik, la Poméranie; — Tous les jours, avec affranchissement libre à la frontière, pour le royaume de Prusse, Varsovie, Breslau et la Silésie, — la Monarchie Autrichienne: Tous les jours, avec affranchissement libre jusqu'à Francfort ou Cassel: pour le royaume de Westphalie, le royaume de Saxe, les duchés de Saxe, la haute-Lusace, les duchés d'Anhalt. — Les lundis, mercredis et vendredis, l'affranchissement libre jusqu'à Huningue: pour les cantons de la république helvétique. — Les mardis, jeudis et samedis, avec affranchissement libre jusqu'à Pontarlier: pour l'Argovie, Berne, Fribourg, le pays de Vaud, Neufchâtel et le Valois — Les lundis et jeudis, avec affranchissement libre jusqu'à la destination: pour Rome, les états ecclésiastiques, Naples, Lucques, et les départemens de l'Etrurie. — *Observations essentielles.* Il est bon d'affranchir les lettres pour les préfets, sous-préfets, conseils d'administrations militaires, et autres personnes chargées de fonctions publiques, autrement la plus grande partie de ces lettres seraient refusées. Sur les lettres aux militaires, il faut mettre exactement le No. du Régiment et la division de l'Armée. Il est défendu de mettre de l'or et de l'argent dans les lettres. Il y a un *bureau des envois à découvert,* dans lequel on reçoit *à découvert,* l'or, l'argent et autres effets de valeur, en payant cinq pour cent de la valeur. Il y a aussi un autre bureau, dans lequel on reçoit *à couvert*, sous enveloppe cachetée sur tous les plis, et en payant le double port, les lettres et paquets que l'on veut faire charger et recommander. Ce bureau est ouvert depuis 8 heures, du matin jusqu'à 3, en tous tems. Les lettres qui y sont chargées *avant deux heures*, partent le jour même. On ne peut affranchir à la maison des postes (rue J. J. Rousseau) qu'au *bureau d'affranchissement*. Il est situé au premier, à côté du bureau de départ. Ce bureau est ouvert au public depuis 7 h. du matin jusqu'à 7 h. du soir, à dater du 1. germinal jusqu'au 1. vendémiaire, et passé ces mois, depuis 8 jusqu'à 7. Les lettres qui y sont affranchies *jusqu'à* 3 *heures*, partent le jour même. (*V. Dictionnaire géographique des postes aux lettres de tous les départemens*; *par Lecousturier* et *Chaudouet*. 3 Vol. Paris XI.)

Plans. Livres à consulter. Topographie de Paris, ou Plan détaillé de la ville de Paris et de ses Faubourgs: Par M. Maire. A Paris, 1808. 8. Prix 7½ Fr. A l'aide de ce plan, très-utile et fort commode, du *Parisèum*, excellent guide, et de quelques livres instructifs, l'on peut dispôser de ses journées, sans être obligé de se mettre entièrement sous la direction d'un laquais de louage. Nous ne fatiguerons pas nos lecteurs par les noms de 15 ou 20 descriptions et tableaux de cette grande capitale; nous renverrons au *Manuel du Voyageur à Paris, ou Paris ancien et moderne par M. Villiers*. Nouv. édit. chez *Delaunay* 1809. Petite brochure portative et commode, et qui a de plus le mérite, de rattacher l'antique Paris au Paris moderne. Ce même auteur a publié: le *Manuel du Voyageur aux environs de Paris*. 2 volumes avec une carte.

Les deux ouvrages suivans, sont aussi très-curieux: *Paris tel qu'il est et tel qu'il sera en dix ans. Par Charles Lambert. A Paris* 1808. 12. *Almanach de Paris et Annuaire administratif et statistique du département de la Seine. Année* 1809. Par M. *Allard*. A Paris chez l'auteur. — Nous recommandons aux amateurs de la *botanique: le Vade mecum du botaniste voyageur aux environs de Paris, rédigé par le C. D**. A Paris, chez *Baudouin*. XII. 12.

L'étranger en arrivant à Paris, doit présenter son passeport à la préfecture de police, où on l'échange contre un *permis de séjour*. A son départ, il s'y présente de nouveau, et reçoit son passeport. Mais nous lui conseillons d'aller de bonne heure à la préfecture et même un ou deux jours avant son départ fixé, parcequ'il y a toujours presse, et que sa patience sera souvent mise à des rudes épreuves. — Plusieurs étrangers ne portant pas sur soi ce *permis de séjour*, et de peur de le perdre, ils le gardent soigneusement chez-eux dans leur secrétaire. Ils s'exposent par-là à des inconveniens très-graves; et risquent de passer la nuit aux arrêts. Les *cartes de sûreté* ou *permis de séjour* sont de rigueur. Les cartes des étrangers sont *bleues*, celles des Français contribuables sont *blanches*, et celles de leurs fils au dessous de l'âge de 20 ans, sont *rouges*. Depuis 1806 il faut aussi avoir un *permis de port d'armes*, quand on n'est pas militaire.

Distances. De Paris à Aix-la-Chapelle 34 3/4 postes. à Basle 59 3/4. à Bayonne 110 3/4. à Bordeaux 76. à Bruxelles 37 1/2. à Calais 34 1/2. à Coblence 66 1/2. à Chambery 74 1/2. à Genève 62 3/4. à Lyon 59. à Mayence 69. à Marseille 103. à Montpellier 98 1/4. à Nantes 47 1/2. à Metz 9 1/4. à Nice 142 3/4. à Ostende 40 3/4. à Rouen 15 3/4. à Strasbourg 60 2/4. à Toulouse 89 3/4.

STRASBOURG. *Long.* 23°. 24'. 30''. (Isle de Fer.) *Lat.* 48°. 34'. 56''. *Population*, suivant l'A. J. de XII. 49,056. — ☐ à la concorde :: à la vraie fraternité.

Edifices remarquables. Curiosités. La cathédrale, ou le *Munster*: (les fondemens de cette église furent jettées en 1015; l'édifice ne fut achevé qu'en 1275. Deux ans après, on commença à élever la tour, dont le premier architecte fut *Erwin de Steinbach*. Elle ne fut achevée qu'au mois de Juin 1439. Sa bâtisse gothique est admirée de tous les connaisseurs. Sa hauteur au-dessus du sol est de 445 anciens pieds de Paris. Bien des gens s'imaginent que le tremblement de terre de 1728 a derangé sa perpendiculaire d'un pied. Il n'y a que la grande pyramide d'Egypte, qui surpasse l'élevation de cette tour, et seulement de 3 pieds; celle de la grande pyramide étant de 448 pieds au-dessus du sol. On monte par 635 marches. La tour est percée à jour, et découpée comme de la dentelle. Les statues et un grand nombre d'autres ornemens, tant intérieurs qu'extérieurs, ont été détruits et enlevés par le vandalisme révolutionnaire. On jouit de la plate-forme, d'une [illegible]-étendue. On lit sur les pierres de cette plate-forme, les noms de beaucoup de curieux, et que l'un des gardes du clocher fait graver sur la pierre, moyennant une gratification légère. On achète de ces gardes, de petites médailles d'étain, qui représentent le clocher. L'horloge a été faite en 1571. L'abbé *Grandidier* a donné une déscription détaillée de ce temple, qui, après avoir longtems servi aux fêtes révolutionnaires, a été de nouveau consacré au culte catholique. La foudre tomba sur la tour, l'an VIII. Sur le toit d'un donjon ou d'une petite tour du côté du choeur de l'église, nommé la *mitre*, s'élève l'un des deux télégraphes, celui qui correspond avec Paris. Vis-à-vis, on voyait ci-devant l'arbre de la liberté, et près de-là est l'hotel de ville.) — L'église de St. Thomas: (on y admire le mausolée du *Maréchal de Saxe*, chef-d'oeuvre de *Pigale*, et le cippe de *Schoepflin*: le premier n'échappa l'an II. à la fureur des démolisseurs, que parcequ'ils le croyaient écrásé sous le poids des gerbes, empilées à l'entour, lorsque ce temple fut converti en magasin.) — l'arsenal et la fonderie des canons — le palais épiscopal — les greniers publics — la maison des enfans trouvés — l'hôpital bourgeois — l'observatoire — la citadelle: (elle a été bâtie en forme de pentagone en 1682 par le Maréchal de Vauban; on frappa à cette occasion une médaille, avec la légende, *clausa Germanis Gallia.*) — le monument du Général Desaix — le pont impérial ou du Rhin: [ce pont, fini en 1808, remplace d'une manière plus solide, l'ancien pont, connu sous le nom de grand et petit. — Les épis du Rhin, jetés dans ce fleuve, pour en détourner le courant, méritent d'être vus.] — Deux postes télégraphiques, de Strasbourg à Paris et de Strasbourg à Bâle. —

Fabriques. Manufactures: de laines; de draps communs: de cuirs, de plumes; de chapeaux; de chandelles aussi belles que celles de Nancy; des ateliers de corderie (le cordeau de Strasbourg est renommé); des ateliers de fabrication de crics; des drogues; de la poudre à poudrer; des fleurs artificielles; de la belle fayence; des papiers peints; des instrumens de chirurgie; des meubles de toute espèce; du vermeil fort beau et renommé: de la broderie riche et en mousseline; de belles voitures etc. Il y a deux grandes foires à Strasbourg. Les graines et sémences d'herbes potagères de Strasbourg, celles d'oignons surtout, ont de la réputation.

Spectacles. Comédie française; comédie allemande; Concert de la réunion des arts. La salle de spectacles porte le nom de théâtre Napoléon.

Collections. Cabinets. La bibliothèque et les collections de l'académie protestante: (la bibliothèque est au temple neuf, qui s'ouvre tous les jours depuis 2 jusqu'à 4 heures.) Quatre riches cabinets; l'un le musée d'antiquités de *Schoepflin*; (V. *Museum Schoepflini* publié par *Oberlin.*) les deux autres de physique et d'histoire nat. (fruits des connaissances et recherches des Professeurs *Ehrmann* et *Herrmann*) et le quatrième de mécanique: (dans ce dernier cabinet ont été déposés provisoirement, les vitraux peints de la ci-devant chartreuse de *Molsheim*. On sait combien ils sont précieux: de plus on y trouve le plan de Strasbourg exécuté en bois par *Speckle*; l'ancienne bannière de la ville; et les deux tableaux peints, que les *Meistersänger*, ou troubadours allemands, suspendaient les jours de fête.)

Etablissemens littéraires et utiles. L'académie protestante; le lycée du département; l'école spéciale de médecine, ci-devant école de chirurgie; l'école d'instruction dans le grand hospice militaire permanent; l'école publique d'accouchement; la société d'agriculture, des sciences et arts; l'amphithéâtre anatomique; le jardin botanique (enrichi de beaucoup des plantes. tirées des jardins d'*Oberbronn* et de *Bouxweiler*, ci-devant appartenans aux princes de Hohenlohe et de Darmstadt): l'observatoire. Trois hospices civils sous une même administration. — La société libre de bienfaisance, fondée en 1780, interrompue par la révolution, de nouveau formée l'an VII. (Une petite poste avait été établie en 1780.)

Promenades. Le boulevard Josephine; le Broglie; dans la ville: l'île de Robert, ou la *Ruprechtsau*, à une médiocre distance de la ville avec l'orangerie Josephine, ci-devant à Bouxweiler: la *plaine de Contades*: Les environs du canal de la Brusche. — Le jardin de *Baldner* — le restaurateur *de la Ruprechtsaue.*

Auberges. A la ville de Lyon: (bonne auberge) à l'Esprit; à la maison rouge, place d'armes etc.

Livres à consulter. Annuaire politique et économique du département du Bas-Rhin, par le C. *Bottin.*

Avec la carte du département. A Strasbourg. An IX. et suivant. 16. 3 vol.

Distances. De Strasbourg à Paris par Nancy 60¾ postes; à Basle 15½, à Besançon 26½ p., à Landau 10 p., au Fort-Vauban 5 p., à Mannheim, par Landau 16 p., à Lyon 55¾ p. Il est dû la sortie de Strasbourg une demiposte en sus de la distance.

Mélanges. L'Ill traverse la ville, il y a plusieurs ponts tant en pierres qu'en bois. Cette ville, autrefois impériale, se rendit à Louis XIV. en 1681 par capitulation. On entre par 7 portes. La grande rue, celle du marché aux poissons, et celle de la boucherie, sont larges et bien ornées. *Les poissons* les plus estimés que l'on prend dans le *Rhin*, l'*Ill*, et la *Brusche*, sont, l'esturgeon (quelquefois du poids de 300 livres); les saumons; l'alose d'une saveur très-agréable; la lamproie; l'ablette, (l'essence pour les fausses perles se fabrique de ses écailles); les belles écrevisses de l'Ill, les truites et les ombres de la Brusche. — Les feuilles publiques sont au nombre de deux: *Strasburger Weltbothe: Affiches du Bas-Rhin.* — C'est l'église *St. Etienne*, remarquable par sa voûte hardie, et par son antiquité, qui date de plus longtems que le *Munster*, qui a été transformée en salle de spectacles. —

Environs. *Kehl.* Forteresse avancée, au bout du Pont Impérial. — La montagne d'*Odile*, ou la *Hohenburg*: (consultez: „Silbermann's Beschreibung von Hohenburg. Strasbourg. 1781. 8.") — Sur *Sasbach* et le monument de *Turenne*, V. No. 2. des routes de l'*Itinéraire d'Allemagne*).

SPA. ☐ l'indivisible. — *Hôtels renommés.* L'hôtel de Flandre. — Avant la Revolution *Spa* voyait arriver une foule d'étrangers de toutes les nations, surtout des Anglais: les uns pour rétablir par les eaux salutaires qui y coulent, leur santé affaiblie; les autres pour y jouir des agrémens de ce charmant séjour et des plaisirs variés que l'on y trouve. La Révolution et la guerre ont fait cesser cette affluence: en 1801 on n'y comptait que 315 étrangers, mais la paix générale ne tardera pas à rendre à *Spa* son ancienne splendeur, et sa réputation si bien fondée. On trouve à s'y loger de toute façon et à différens prix, depuis trois livres jusqu'à trois louis par jour. Dès les cinq heures du matin on se rend aux fontaines. Celle du *Pouhon* est au milieu du bourg; trois autres en sont distantes d'une demi-lieue; il est peu de personnes qui n'aillent régulièrement à l'une et même à deux de ces fontaines chaque jour, soit en voiture, ou à cheval. Il y a toujours sur la place une quantité de petits chevaux à la disposition de ceux, qui en souhaitent, et à un prix fort modique. Les chemins de ces fontaines sont assez bons; celui de la *Sauvenière* est un magnifique pavé montant en rampe égale, près de 700 pieds en une demilieue: une levée de 60 pieds en largeur, passe directement de cette fontaine à la *Géronstère*, et est peut être supérieure en beauté au premier chemin. Ces différentes fontaines sont environnées de promenades percées dans les forêts: les unes, presque sauvages, paraissent être dues à la nature seule; d'autres sont tracées régulièrement et avec art, mais d'une façon qui ne trouble pas le plaisir de s'y promener par l'idée des peines que cela peut avoir coûter. Une troisième fontaine, le *Tonnelet* fournit des bains d'eau minérale.

Quant à l'heure de commencer à prendre les eaux, elle varie selon la différence des tems et des saisons. Dans les tems fort chauds, les personnes les plus attentives à leur santé, s'y rendent de très-grand matin. Mais le grand nombre, surtout ceux qui sont le plus avides de plaisirs, sacrifiant à regret une partie des amusemens du soir, sont obligés de prolonger leur repos dans la matinée; entraînées d'ailleurs par l'attrait de la société, la plupart ne paraissent guère à la source du Pouhon avant les six heures, et souvent beaucoup plus tard; des personnes fort sensibles au froid, ou qui n'ont de chaleur que celle qui leur vient du dehors, ne s'y rendent qu'à huit ou neuf heures, même dans les grandes chaleurs, et perdent ainsi la plus belle partie du jour; ils trouvent toujours quelques paresseux pour leur faire compagnie.

Le départ pour les fontaines éloignées, est communément de sept à huit heures, pour les personnes qui s'arrêtent à celle du *Pouhon*; où, ceux qui attendent par complaisance, trouvent, dans le renouvellement continuel des arrivans, de quoi se procurer de nouvelles connaissances. D'autres vont directement à la *Sau-*

venière, ou à la *Géronstère*, et souvent de l'une à l'autre, ce qui fait une très-jolie promenade, à peu-près de deux lieues, y compris le retour à Spa. (V. *Verhandeling over het nut von de minerale wateren en Baden te Spa.* [par M. de Wall.] *A Amsterdam* 1801. 8.) L'industrie de Spa consiste en toutes sortes de beaux ouvrages en bois et en fer blanc peints: surtout les coffrets vernis de Spa, ou des toilettes carrées, très-récherchées des dames, au prix de 4 louis jusqu'à 60. On y fait aussi des étuis, et autres beaux ouvrages au tour, en ivoire etc. M. *Wolf* vend des cabinets portatifs de minéralogie, artistement arrangés, avec la carte géologique du département de l'Ourthe, peint sur la couverture. *Verviers*, non loin de Spa, est renommé pour ses pâtisseries et ses draps.

TOULON. *Long.* 23° 35′ 30″ (Ile de Fer.) *Lat.* 43° 7′ 16″. *Population*, suivant l'A. J. 22,000. — □ la double union: les élèves de Mars et de Neptune: la Paix et parfaite union: les vrais amis constans: les amis réunis d'Egypte.

Edifices remarquables. Curiosités. Le port neuf et le port marchand — l'arsenal de marine: (les chantiers, les forges, la corderie, la mâture, la voilerie, le grand magasin d'armes, sont devenus en partie la proie des flammes, lors de l'évacuation par les Anglais: on a travaillé à les réconstruire.) — le bassin de M. *Grognard*: (il a 300 pieds de long sur 100 de large, et de grands avantages pour la construction et le radoub des vaisseaux.) — le champ de bataille: (grande et superbe place entourée d'un double rang de peupliers, de trembles et de micocouliers). — la maison commune sur le beau quai marchand: (deux cariatides colossales, qui servent de support au balcon, sont du célèbre *Puget*, qui, dit-on, ayant à se plaindre de deux consuls, les représenta sur la pierre avec tant de vérité, que toute la ville les reconnut.) — dans la maison qu'occupait M. *Puget*, au plafond d'une chambre, les trois Parques peintes par cet artiste — la cathédrale: (belle vue du haut de ses clochers.) — le ci-devant séminaire; bel édifice, — les bagnes, ou la prison des forçats; [on ne peut y entrer que sur une permission particulière.]

Auberges. A la croix de Malte, à l'hôtel de Montauville: bonnes auberges.

Promenades. Le cours: (tous les matins s'y range la foule des jardiniers, maraîchers, bouquetières et fruitières de la banlieue).

Etablissemens littéraires et utiles. L'Athénée; la société d'émulation; le Lycée; l'école de navigation; l'école de santé navale.

Fabriques. Commerce. Des pinchinats, étoffes de laine; du savon; de l'huile; des capres fines: (on en exporte par an, au moins 2000 quintaux) de l'eau de vie, du vin muscat et du vin de la Malgue: pêche du thon etc. Les environs de Toulon fournissent d'excellens muscats, et les plus belles fleurs qu'il soit possible de trouver, surtout parmi les tubéreuses et les narcisses.

Distances. De Toulon à Paris, par Lyon, Tarascon, Aix $101^1/_2$ postes; à Nice 22 p., à Marseille $7^1/_2$ p. Il est dû un quart-de-poste en sus de la distance, pour les sorties.

Environs. *Hières*, petite ville à une lieue de la mer, vis-à-vis des îles de ce nom, qui sont au nombre de cinq, non compris quelques récifs. Les îles de *Portecros* et de *Porquerolles* sont seules habitées. *Hières* est célèbre par la beauté et la douceur de son climat, que l'on recommande aux valétudinaires pour rétablir leur santé. La plantation de M. *Fille* réalise les jardins poétiques d'Armide et d'Alcine; on s'y promène dans les bois d'orangers; le jardin de M. *Beauregard*, y est contigu, et non moins célèbre. Les salines qui brillent au loin sur les bords de la mer, répandent vers le soir une odeur de violette. De la tour de l'ancien couvent de Ste. Claire, mais plus encore de la chapelle de Nôtre-Dame, on jouit du spectacle de la mer, et d'un paysage digne du pinceau d'un grand maître. La vue est encore plus magnifique du haut de *l'observatoire*, qu'avait fait construire en 1786, le Duc *Erneste de Saxe-Gotha*, et qui existe encore, car, même le vandalisme avait respecté ce monument d'un prince chéri. [Latit. 43° 7′ 2″.] *Bonne auberge*, à l'hôtel des ambassadeurs. Les valétudinaires qui veulent faire un séjour d'hiver dans les villes du midi de la France, et surtout à *Hières*, trouveront des renseignemens utiles et détaillés, dans les deux ouvrages de M. *Fischer*, l'un intitulé: *Briefe eines Südländers. Leipsic.* 1804. 8. l'autre

Reise

Reise nach Hières. Leipsic. 1805. 8. Mais ils feront bien d'aller passer l'été ailleurs, car alors le séjour en devient incommode, malsain, et même dangereux.

VERSAILLES. *Population.* Suivant l'A. J. 27,574. — □ les militaires réunis: le patriotisme, loge écossaise.

Edifices remarquables. Curiosités. Le *château*: [ce célèbre château, très-dégradé, va être rétabli, sous *Napoléon-le-Grand.* Il fut commencé en 1673 et achevé en 1680, par les talens réunis de trois hommes célèbres, *Mansard, Le Brun,* et *Le Nôtre. Pierre le grand* l'a comparé à un pigeon, qui aurait des ailes d'aigle. Trois avenues, à quatre rangs d'arbres chacune, conduisent au château; celle du milieu, qui est la plus longue, vient de Paris. Ces avenues se réunissent à une place immense, appelée la place d'armes, décorée de deux superbes bâtimens, *les petites* et les *grandes écuries,* toutes deux élévées sur les dessins de *Mansard.* Par la *grille de fer,* qui sépare la cour des ministres de la cour royale, pénétrèrent, lors de la célèbre nuit d'Octobre 1789, les piquiers et poissardes de Paris. La *chapelle est un chef-doeuvre* et le dernier ouvrage de *Mansard.* Le plafond du sallon d'Hercule représente l'apothéose de ce héros par *le Moine* et est regardé comme la plus grande machine en peinture. La *grande galerie* par *le Brun* est une des plus belles de l'Europe; elle a 37 toises de longueur et 5 de largeur, et est éclairée par 17 grandes croisées. Il faut voir les ci-devant appartemens de la Reine et du Roi, *l'oeil de boeuf* etc. Louis XVI. habitait, ce qu'on appellait *les petits appartemens du Roi:* c'était là qu'il se livrait à la lecture et à l'étude. — La *salle des spectacles.* — Le *parc*; il se distingue en grand et petit, lesquels réunis forment environ vingt lieues de circuit. La façade du château du côté des jardins est bien supérieure à celle qui est opposée. *Mansard* l'a décorée de toutes les richesses de l'architecture et de la sculpture. Elle a plus de 300 toises de longueur. Ce château renferme un *Musée de tableaux* et un *cabinet d'hist. nat.* très-curieux, et qui contient des coquillages extrêmement rares, et des crystallisations uniques. On trouve au Musée le tableau célèbre de *la Vallière,* ci-devant à Paris aux Carmelites. Plusieurs tableaux et statues ont été *corrigés,* c'est-à-dire *mutilés.* On avait métamorphosé, par exemple, un Louis XV. en Mars Français. Les *jardins* ont été planté par *le Nôtre*, (il était Allemand d'origine; *Louis* et sa cour ne l'appellaient que *le nôtre*, et cette épithète a plongé dans l'oubli son vrai nom.) Le genre anglais à éclipsé de nos jours ce genre trop régulier, dans lequel *ce le Nôtre* excellait. Nous n'entrerons pas dans le détail de ces vastes jardins qui ont coûté plus de 200 millions, y compris le grand parc. Ils renferment un espace de deux lieues, tout entouré de murailles. Lors des événemens du 10 Août on a enlevé presque tout ce qui se trouvait de plomb dans ces jardins, pour le métamorphoser en boulets et balles. Cependant les eaux ont recommencé à jouer en 1801. Les *bains d'Apollon* sont le chef d'oeuvre de *Girardon*; les *bosquets de la colonnade et du Dôme*, sont très-remarquables: *l'orangerie* est un superbe monument d'architecture. L'oranger, appelé *le grand Bourbon* existe encore, et est âgé d'environ 300 ans. — *Trianon*: (palais situé dans le parc de Versailles, à droite du grand canal. L'architecture, et les jardins, sont aussi gracieux que magnifiques. *Mansard* en fut l'architecte). *Petit-Trianon*: (le chantre des jardins a fort bien décrit ce joli séjour.

> Semblable à son auguste et jeune déïté
> Trianon joint la grâce avec la majesté.

Je n'oublierai de ma vie les douces sensations dont ce jardin me pénétra l'âme par son aimable simplicité. La plus grande partie de ses embellissemens avait été ou enlevé, où spolié, ou devasté par des Vandales et le *Petit-Trianon* était devenu le séjour d'un traiteur! le charmant hameau, et la chaumière rustique, le séjour favori de la Reine, tombaient en ruines. Mais, depuis que la Princesse *Borghèse* en est devenue la propriétaire, le *Petit-Trianon* brille d'un éclat nouveau.) — l'abreuvoir (digne de la curiosité des voyageurs) — le jeu de paume et la table de bronze, pour consacrer le fameux serment de la première assemblée nationale — la manufacture d'armes, l'une des plus belles en France. (à Paris il y a un dépôt d'armes de Versailles, rue de la loi. près du palais du Tribunat.) — la bibliothèque, très-riche et très-précieuse — *Rambouillet*, sur le chemin de *Chartres*, mérite bien une visite. V. No. 17. de l'Itinéraire des routes: obs. loc. 2.

Distances. De Versailles à Paris 2¼ postes, à Rambouillet 3¾ p., à Chartres 8½ p., à St. Denis 3½ p., à Pontoise 3½ p., (à la sortie de Versailles, l'on paye une demiposte de plus, que celle fixée dans le livre de poste.)

Livres qui peuvent servir de guide. Avis nécessaire. Le Cicerone de Versailles, ou indicateur des curiosités de cette ville. A Versailles 1808. — *Avis.* Pour voir les curiosités du château et de ses environs, il faut se cotiser avec d'autres étrangers; car par-tout il y a quelques pour-boire à distribuer, et n'évaluant un chacun qu'à 30 sols le tout peut bien monter à 12 livres.

Note. Un jour viendra, (disait *Mercier* dans son *tableau de Paris*, en 1788.) que les pièces d'eau de Versaillés se changeront en marais, les berceaux s'obstrueront toutes les avenues se fermeront; les chardons étoilés étoufferont les gazons, les touffes d'orties s'empareron, des statues, et des mousses verdâtres rongeront le sein et les joues de ces marbres dont on admire la beauté. Une multitude d'arbres assiégeront le château, et prenant racine dans les fentes, écarteront les pierres et démoliront l'édifice. Les planchers seront à jour, le vent sifflera, les armes seront effacées, et les ruines seront couronnées de ces végétaux qui rampent et qui s'élèvent; un cyprès croîtra au lieu où reposa la majesté royale, et le tems aura fait monter la végétation sur toutes les parties de ce château entr'ouvert, exposé de toutes parts à l'action des élémens!" — — Ce jour est venu!

6.

Etat des postes. Notes instructives, et remarques qui intéressent les voyageurs dans leur tournée.

Un étranger qui veut voyager en poste, doit avant tout se procurer le *livre de poste*, qui se réimprime chaque année, avec les changemens de l'année précédente. Ce livre de poste porte à présent le titre: *Postes Impériales. Etat général des postes et relais de l'Em-*

T a b l e

du Calcul proportionnel, de ce qui doit être payé par les couriers, pour les chevaux de poste, et pour les Guides des postillons.

Distances.	Nombre des Chevaux.						Nombre des Postillons.			
	1.	2.	3.	4.	5.	6.	1.	2.	3.	4.
	f c	f c	f c	f c	f c	f c	f c	f c	f c	f c
1 quart de poste.	0. 38.	0. 75.	1. 13.	1. 50.	1. 88.	2. 25.	0. 19.	0. 38.	0. 57.	0. 76.
Demi-poste.	0. 75.	1. 50.	2. 25.	3. 00.	3. 75.	4. 50.	0. 38.	0. 76.	1. 14.	1. 52.
3 quarts de poste. .	1. 13.	2. 25.	3. 38.	4. 50.	5. 63.	6. 25.	0. 56.	1. 12.	1. 68.	2. 24.
1 poste.	1. 50.	3. 00.	4. 50.	6. 00.	7. 50.	9. 00.	0. 75.	1. 50.	2. 25.	3. 00.
1 poste 1 quart. . .	1. 88.	3. 75.	5. 63.	7. 50.	9. 38.	11. 25.	0. 94.	1. 88.	2. 82.	3. 76.
1 poste et demie. .	2. 25.	4. 50.	6. 75.	9. 00.	11. 25	13. 50.	1. 13.	2. 26.	3. 39.	4. 52.
1 poste 3 quarts. .	2. 63.	5. 25.	7. 88	10. 50.	13. 13.	15. 75.	1. 31.	2. 62.	3. 93.	5. 24.
2 postes.	3. 00.	6. 00.	9. 00.	12. 00.	15. 00.	18. 00.	1. 50.	3. 00.	4. 50.	6. 00.
2 postes 1 quart. .	3. 38.	6. 75.	10. 13.	13. 50.	16. 88.	20. 25.	1. 69.	3. 38.	5. 07.	6. 76.
2 postes et demie.	3. 75.	7. 50.	11. 25.	15. 00.	18. 75.	22. 50.	1. 88.	3. 76.	5. 64.	7. 52.
2 postes 3 quarts. .	4. 13.	8. 25.	12. 38.	16. 50.	20. 63.	24. 75.	2. 07.	4. 14.	6. 21.	8. 28.
3 postes.	4. 50.	9. 00.	13. 50.	18. 00.	22. 50.	27. 00.	2. 26.	4. 52.	6. 78.	9. 04.
3 postes 1 quart. .	4. 88.	9. 75.	14. 63.	19. 50.	24. 38.	29. 25.	2. 45.	4. 90.	7. 35.	9. 80.
3 postes et demie.	5. 25.	10. 50.	15. 75.	21. 00.	26. 25.	31. 50.	2. 64.	5. 28.	7. 92.	10. 56.
3 postes 3 quarts. .	5. 63.	11. 25.	16. 63.	22. 50.	28. 13.	33. 75.	2. 83.	5. 66.	8. 49	11 32.
4 postes.	6. 00.	12. 00.	18. 00.	24. 00.	30. 00.	36. 00.	3. 00.	6. 00.	9. 00.	12. 00.

pire Français, dressé par ordre du conseil d'administration: suivi de la carte géométrique des routes desservies en postes. A Paris de l'Imprimerie Impériale. 8.

Les chaises à deux roues ou à brancard, et les chaises à 4 roues à limonière, ne doivent pas être chargées de plus de 100 livres sur le derrière, et de 40 sur le devant. Les chaises à deux roues ou *cabriolets*, sont les voitures de poste les plus communes en France, très-légères, ayant quelquefois des glaces aux portières, portant vache et malle. Un voyageur moderne conseille, d'échanger aux villes des frontières les voitures allemandes à quatre roues, contre ces cabriolets à deux, parcequ'on roule plus lestement, et parcequ'on évite d'être chicané par les maîtres de poste sur le nombre des chevaux. D'ailleurs il existe une loi de l'an XI., qui défend l'importation des berlines coupées ou *voitures anglaises à 4 roues*, qui n'est permise qu'en déposant au bureau de la douane le tiers du prix de la voiture. Mais suivant *M. de Kotzebue*, cela ne s'entend que des voitures qui arrivent par mer, et cette loi n'est en vigueur qu'aux *ports d'arrivée*.

D'après le décret impérial du 12 d'Août 1807 toutes les voitures à quatre roues, à soufflets, et à deux places seulement, soit calèche, soit chariot allemand, même ayant timon, sont assimilées aux cabriolets ordinaires de poste, et la première division du tarif suivant, leur est applicable. Mais les voitures à 4 roues, qui ne sont pas à soufflets, ou qui ont deux fonds égaux, même avec limonière, sont assimilées aux berlines. Les maîtres de poste, dans le cas où ils seraient d'accord avec les voyageurs, pour n'atteler que deux chevaux ou trois, où ils pourraient en atteler 3 ou 4, ne pourront exiger *que moitié du prix de la course du cheval non-attelé.*

Nouveau Tarif.

Nombre des personnes.	*Nombre des chevaux.* Cabriolets.	*Prix par cheval et par poste.* Fr.	Cent.	*Somme totale par poste.* Fr.	Cent.
1	2	1	50	3	—
2	2	1	50	3	—
3	3	1	50	4	50
4	3	2	—	6	—

Nombre des personnes.	*Nombre des chevaux.*	*Prix par cheval et par poste.*		*Somme totale par poste.*	
	Limonières.	Fr.	Cent.	Fr.	Cent.
1 2 3	3	1	50	4	50
4	3	2	—	6	—

Il sera payé 1 Fr. 50 Cent. par chaque personne, excédant le nombre des quatre.

	Berlines.				
1 2 3	4	1	50	6	—
4 5	6	1	50	9	—
6	6	1	75	10	50

Il sera payé 1 Fr. 50 Cent. par chaque personne, au-dessus du nombre de six: mais il ne sera jamais attelé au-de-là de six chevaux sur chaque Berline.

Un enfant de 6 ans et au-dessous, ne pourra être considéré comme voyageur. Deux enfans de quelque âge qu'ils soient, tiendront toujours lieu d'un voyageur. Chaque voiture, soit cabriolet ou berline, pourra être chargée d'une vache, soit qu'elle soit entière ou en deux parties, et d'une malle. Il sera payé par chaque article excédant, 50 centimes par poste, outre le prix des chévaux *).

Il est défendu aux postillons, lorsqu'ils se rencontrent vers le milieu de leur course, d'échanger leur chevaux, à moins, qu'ils n'aient obtenu le consentiment respectif des couriers. La course *d'une poste* devant se faire, dans les localités ordinaires, *dans une heure* de tems, les postillons ne pourront s'arrêter sans permission, que pour laisser prendre haleine à leurs chevaux. Les maîtres de poste ne peuvent être forcés à fournir des chevaux pour les *routes de traverse*, cependant ils sont autorisés à conduire les couriers dans les dites routes, à prix défendu. Tout courier à franc étrier ne peut faire porter au cheval qu'il monte, que ce que peuvent contenir en menus effets les poches de la selle. S'il y a

*) Les anciens réglemens pour l'attelage et le payement des boeufs, à la montée de la montagne de *Tarare*, sur la route de *Lyon*, ou à la montée des *Echelles*, sur la route de *Chambery* et de *Grenoble*, sont restés en vigueur.

un porte-manteau, il doit être porté en croupe par le postillon, pourvu toutefois qu'il n'excède point le poids de 25 kilogrammes, ou 50 livres.

Du tems de l'ancien régime ce n'était que dans le voisinage de Paris que l'on suivait l'ordonnance à la rigueur. Dans les provinces les maîtres des postes, ne donnaient que 3 chevaux, même pour quatre personnes; moyennant une rétribution assez légère par cheval. On a vu par les règlemens ci-dessus, que dans ce cas, on ne paye que la moitié du prix de la course du cheval non-attelé, et vraisemblablement les mêmes connivences ont lieu aujourd'hui, comme du tems de mon voyage en France. Il est dû *une poste* de plus que la fixation portée dans le livre de poste, pour la sortie de *Paris*, et pour l'entrée. De même il est dû à la sortie et à l'entrée de *Lyon*, de *Turin*, et de *Brest*, une *demi-poste* au-delà de la fixation, et *une demi-poste* en sus de la distance, sur toutes les sorties à *Amiens*, *Bordeaux*, *Bruxelles*, *Calais*, *Dunkerque*, *le Havre*, *Marseille*, *Mayence*, *Orléans*, *Rouen*, *Strasbourg*, *Troyes*, *Versailles*. Mais à la sortie des villes suivantes, il ne se paye *qu'un quart-de-poste*, en sus de la distance, savoir, à *Châlons-sur-Marne*, *Douay*, *Gand*, *Lille*, *Liège*, *Limoges*, *Mezières*, *Mons*, *Nancy*, *Nantes*, *Toulon*, *Tours*.

Dans tout l'Empire, le prix de la course, qui est à présent fixé à *un franc cinquante centimes* par chaque cheval et par poste, (et à *un franc* par poste pour chaque voyageur, accompagnant le courier de la malle), doit se payer avant de partir; mais, de mon tems, on était très-coulant à cet égard envers les étrangers. Vous pouviez dormir pendant 3 et 8 heures de suite, sans craindre qu'on vînt interrompre votre sommeil, pour vous demander le payement de la poste ou des postillons, et quand vous étiez réveillé, le postillon vous faisait votre compte à la première poste. De plus; si vous ne vouliez pas perdre votre tems à faire changer et à payer à chaque relais, vous pouviez payer d'avance la poste pour une longue traite, ou bien payer à la dernière poste, ou enfin donner des à-comptes. Aussi le nouveau postillon ne manquait jamais de demander à son camarade avant que de partir, *combien de payé?* celui-ci lui répondit, tant de livres et de sols; cela suffisait, et l'on ne vous parlait plus de rien, jusqu'à l'endroit où le prix des postes que vous veniez de faire, se trouvait égal à vos déboursés. Tout cet usage extrêmement commode subsiste encore, au moins sur les grandes routes; et c'est d'autant plus nécessaire, parceque, suivant les observations de *M. de Kotzebue*, en faisant changer de l'or, on est exposé à présent sur quelques routes, à des escroqueries désagréables: p. e. on vous force de perdre 20 à 40 sous par louis, sous le prétexte qu'il n'a pas le poids juste, ou, l'on réfuse les petites espèces, dont l'empreinte est, tant soit peu, effacée, en prétextant, que *ça n'est pas marqué!* Un voyageur doit donc bien prendre garde, de ne pas faire changer de l'or, et de se munir d'un nombre suffisant d'espèces d'argent, d'un type bien marqué. — — Il n'y a jamais que les postillons qui conduisent les chevaux de poste, il n'est pas permis aux voyageurs de se faire mener par leurs gens. Les guides de chaque postillon sont portés à *soixante-quinze centimes par poste.* Il est défendu à tout postillon, d'exiger une somme offerte au-delà des guides fixés par la loi, d'insulter les voyageurs, ou de leur donner aucun sujet de plainte. Tout postillon doit être âgé de 16 ans au moins. Les voyageurs pourront consigner leurs plaintes dans le régitre, tenu par chaque maître de poste, coté et paraphé par le commissaire près l'administration municipale, ou par l'agent municipal de la commune. Deux voitures qui ont le même nombre de chevaux, ne doivent point se devancer, mais rester dans le même ordre où elles sont arrivées, ou parties du relais, à moins qu'un accident ne soit survenu à celle qui précède. On roule sur des chaussées superbes, et on ne paye plus à présent les droits imposés aux barrières. Aux environs de Paris les chemins sont pavés, et comme les postillons vont fort vite, les voitures s'en trouvent fort mal. C'est pourquoi si le tems le permet, il faut recommander aux postillons *d'aller par terre*, c'est à dire sur les chemins non-pavés qui sont à côté des chaussées. L'organisation des postes en France est excellente, et l'on est servi avec une extrême promptitude. Un écrivain allemand se trompe fort, lorsqu'il en fait honneur à la révolution. On en est uniquement redevable à l'ancien régime. Par la révolution et la guerre toutes les chaussées étaient extrêmement dégradées, mais *Napoléon* en a ordonné les réparations nécessaires. J'ai souvent fait pendant l'été, 18 à 20 milles d'Allemagne par jour, *sans* avoir besoin d'aller de nuit, et les relais étaient si bien servis, surtout en Bourgogne et en Champagne, *sans* avoir besoin de me faire précéder d'un courier, que mes trois chevaux étaient dételés et remplacés par d'autres au bout de 3 à 4 minutes. J'ai fait l'expérience en 1810, que le service des postes aux chevaux continue d'être fait avec promptitude.

Il y a des coches et des diligences, qui vont et viennent de Paris dans tous les départemens de la France. Il faut y ajoûter les chariots et messageries. On trouve à l'ouvrage intitulé, *Itinéraire de l'Empire Français* un tableau détaillé de ces diligences, avec l'indication des jours et heures du départ et du retour, du tems que l'on est en route etc.

M. *Meyer* faisait son voyage de *Paris* à *Bordeaux* sur le chemin de *Poitiers* et *Tours*, dans une diligence, bien suspendue; (Bureau de St. Simon, rue Bouloy à Paris) tems en route 6 journées et 4 couchées: prix d'une place, 110 livres; d'un dîner, 45 sous; d'un dejeûner, 15 sous; d'un souper et de la couchée, 3 livres: au conducteur 6 livres; aux postillons en tout 6 livres.

La diligence de *Paris* pour *Strasbourg*: quatre jours et demi en route. (Le prix d'une place était de 93 livr. 12 sols). Il y a des diligences de *Lyon*, pour Strasbourg: de *Mayence*, pour Strasbourg; (deux-jours en route.) de *Landau*, pour *Mayence*, (arrivant le même jour) de *Colmar*, *Muhlhouse* et *Basle*, pour Strasbourg. Une troisième de *Colmar*, (bonne auberge, aux 7 montagnes noires): correspond avec celles de *Basle* et des principales villes de l'Helvétie, avec celles de *Belfort*, *Besançon* et *Nancy*, par *Schletstadt*, et charge non seulement pour toutes les communes sur la route de sa correspondance, mais mêmes pour celles qui les avoisinent. Elle charge aussi de *Belfort* pour *Lyon*. Au ci-devant poële des bouchers à *Strasbourg* il y a occasion journalière, en cariole à 6 places, pour *Paris*, *Basle* et *Mayence*.

Tous les jours, il partait, de *Paris*, à 11 heures du matin, du bureau de l'entreprise générale des messageries, rue Notre-Dame des Victoires une diligence pour

Londres, dont le trajet se faisait en quatre jours et demi; il y en avait également pour le retour de *Londres* à *Paris*. Le prix par place était fixé à 168 francs. Cette entreprise a cessé avec la guerre, et sera sûrement reprise à la paix d'Angleterre.

A *Cologne* et à *Liège* il y a des diligences françaises, suspendues sur ressorts, conduites par 6 chevaux de poste, et parcourant en un jour le trajet d'une de ces villes à l'autre, partant de l'un et de l'autre endroit tous les jours. Prix d'une place 6 livres. Les bureaux se tiennent à *Cologne*, hôtel de la poste aux chevaux, et à *Liège* et à *Aix la Chapelle*, hôtel des messageries. De *Liège* à *Bruxelles*, la diligence parcourt de même la distance de 21 lieues en un seul jour.

Il y a aussi de ces diligences, établies au nombre de 4 à 5, entre *Coblence* et *Cologne*. Elles partent de *Coblence* à 5 heures du matin, dînent à *Bonn*, et arrivent entre 5 et 6 heures à *Cologne*. On paye 2 écus pour le voyage de *Coblence* à *Cologne*, et 12 livres pour le retour de *Cologne* à *Coblence*, y compris les droits des barrières et du dixième. Une autre diligence, fait le voyage de *Coblence* à *Besançon*, avec des chevaux de poste. (S'adresser au bureau de *Henken* et Comp.)

Des *coches d'eau* partent tous les jours de *Mayence* pour *Coblence* et *Cologne*. Elles arrivent le premier jour à *Coblence*, le second à *Cologne*; prix de place, 6 livres jusqu'à *Coblence*, le double jusqu'à *Cologne*. On peut se rendre à présent de *Mayence* à *Cologne*, s'arrêter un jour à *Cologne*, et retourner à *Mayence* par le chemin des bains, le tout en 7 jours de tems. (S'entend, si l'on n'est pas retardé sur le Rhin par les vents contraires, ce qui arrive souvent.)

Le maître de poste à *Kreuznach*, a établi en 1803 une diligence, qui part de *Mayence* pour *Metz* les dimanches et mercrédis, à 5 h. du matin, en passant par *Kreuznach*, *Sobernheim*, *Kirn*, *Birkenfeld*, *Tholay et Saarlibre*. Prix de place 36 livres, par personne. S'adresser à *Mayence* au citoyen *Schneider*, sur le *Flachs-Markt*. Cette diligence est suspendue commodément, et reste en route 2½ jours. Elle ne va pas de nuit.

Il partait de *Bruxelles* pour *Paris* une diligence à 8 places, où l'on ne payait pour toute la route qui est de

66 lieues, que 3 louis, et pour cette modique somme vous étiez encore défrayé de tout. Vous aviez le dîné, le soupé, une demi-bouteille de vin à chaque repas, et un très-bon lit. En partant l'on donnait quelque chose à la servante de l'auberge. La première couchée était à *Mons*, et la seconde à *Péronne* dans la ci-devant Picardie. On en repartait à 2 heures du matin, et le soir à cinq heures on était à Paris. Il faut s'informer, si cette diligence fait encore le service sur le même pied.

Au reste, suivant M. *Campe*, ces *diligences* répondent quelquefois très-mal à leur nom, et à leurs promesses d'arrivée; et le voyageur est forcé de sacrifier plus de jours et de nuits, que le tems fixé.

Il existe depuis peu une manière de faire le voyage de *Strasbourg* à *Paris* et *vice-versà*, à peu de frais. Mais il faut être fait aux fatigues. Ce sont les *Pataches*, espèce de voiture à roues basses, et à un collier. Quatre et même six personnes s'y trouvent placées assez commodément. Le prix pour tout le voyage, est de 60 Francs par tête, et 4 à 5 Francs de pour-boire. On est cinq jours en route, et on couche les nuits. Le total des frais de voyage, y compris la nourriture et les couchées, ne surpasse pas 100 Francs.

Pour se rendre dans les villes de l'ouest ou du midi de l'ancienne France, si l'on ne veut prendre ni la poste ni les coches ordinaires, on prend ce qu'on appele la *Messagerie à cheval*. Les chevaux qu'on donne aux voyageurs sont petits, mais vigoureux. Le messager en chef de la cavalcade, conduit dans une espèce de voiture ou chariot couvert, le bagage des voyageurs. Il part du grand matin, et indique aux voyageurs le lieu de la dinée et de la couchée. Ceux-ci le suivent à cheval à leur commodité, de manière cependant qu'ils arrivent à midi au lieu de la dînée, qui pour l'ordinaire n'est éloigné que de 3 milles d'Allemagne de celui du départ. Là ils trouvent un bon dîner tout prêt; et chacun a sa demi-bouteille de vin. Après-dîner l'on repart et l'on fait environ 2 milles et demi, ou 3 milles d'Allemagne, pour gâgner le lieu de la couchée, où l'on trouve un bon soupé et un bon lit. On ne fait guères par jour que 5 ou 6 milles d'Allemagne tout au plus. Cette manière de voyager est lente; mais, si la compagnie est bonne et le tems favorable, elle est aussi agréable que peu dispendieuse. C'est ainsi que de *Paris* à *Nantes*, ce qui fait 90 lieues de chemin, on ne paya ci-devant que 60 livres, y compris la table et le gîte. De *Lyon* à *Marseille* il y a une *poste aux ânes* que l'on court comme la poste à cheval. Elle est bien servie, et les relais sont placés de distance en distance dans les villages chez des paysans. Il n'est pas rare de voir des personnes aisées, prendre cette poste pour voyager dans le midi de la France.

7.

Itinéraire des routes.

1. *Route de Paris à Amiens.*

Postes des France.	*Noms.*	*Postes de France.*	*Noms.*
1 *)	1. St. Denis.	2	St. Just.
1 1/4	2. Ecouen.	1	Wavigny.
1 1/4	Luzarches.	1 1/2	Breteuil.
1 1/4	3. Chantilly.	1 1/2	Flers.
1 1/2	Lingueville.	1	Hébécourt.
1 1/4	4. Clermont.	1	5. Amiens.
		15 1/2	

Observations locales.

Une seconde route de Paris à *Amiens*, conduit par *Beauvais* et *Breteuil*.

1. Voyez les environs de Paris. On passe tout près de l'abbaye.

2. Dans une des galeries du château, qui a servi de modèle au Luxembourg, et que le connétable Anne de

*) Il est dû une poste au-delà de la distance ci-dessus fixée pour la sortie de Paris, de même que pour l'entrée. Cela s'entend aussi de toutes les routes suivantes qui commencent ou finissent par Paris.

Montmorency fit bâtir en 1540, (sa devise Ἀπλανος, *sans reproche*, se remarquait par tout) on admirait les vitres, peintes d'après *Raphaël*, représentant l'histoire de Psyché. La chapelle et la sacristie offraient aussi des sujets d'après cet artiste, et une belle copie de la fameuse cène de *Leonard da Vinci*. Toutes ces richesses ont été ou détruites ou dispersées par le vandalisme. La masse seule de l'édifice existe, mais c'en est encore assez, pour en donner la plus pompeuse idée.

3. On traverse le parc de *Chantilly*, ainsi que les jardins. Le premier est toujours beau, mais mal-entretenu, et des marécages mal-sains ont remplacé les délicieux jardins. *Chantilly* n'est plus qu'un monceau de ruines et de décombres, et les nouveaux propriétaires ont détruit en un an, ce qu'un grand nombre d'années, et plusieurs millions avaient créé.

4. Le chemin jusqu'à *Clermont* est pavé, et la route bonne. Il y a à *Clermont* une manufacture de toiles peintes. *Clermont* est la souche de la *maison des Bourbons*.

5. Population, suiv. l'A. J. 41,279. ☐. à la parfaite sincérité. Il y a à *Amiens* de riches fabriques de peluches, de pannes à ramage, d'étoffes de laine et de poil de chèvre. On y admire la nef et le clocher de la cathédrale, bâtiment gothique qui a beaucoup souffert par le vandalisme déstructeur des Jacobins, et la promenade du cours, dite *l'Autoy*. Jadis on y célébra la *fête des ânes*. *Amiens* est renommé chez les friands pour ses pâtés, et fait époque dans l'histoire, par le congrès de paix qui s'y tint en 1802, et qui en porte le nom. On montre à la Municipalité, l'appartement où le traité de paix fut signé. A la Municipalité, de beaux tableaux de l'école française. Tout le monde connaît le stratagême, dont usa *Fernand Tellès*, pour surprendre *Amiens* en 1597. Avec une charette chargée de noix, repandues aux portes, il en amusa les gardes.

2. Route

2. *Route de Paris à Arras.*

Postes de France.	Noms.	Postes de France.	Noms.
1½	Bourgette.	1	Cuvilly.
1½	1. Louvres.	1	Conchy-les-Pots.
1½	Chapelle en-serval.	1½	4. Roye.
		1	Fonches.
1	2. Senlis.	1	Marché-le-Pot.
1½	3. Pont St. Maxence.	1½	5. Péronne.
		1½	Sailly.
1½	Bois de Liheu.	2	Hervillers.
1¼	Gournay.	2	6. Arras.
		22¼	

Observations locales.

1. *Bourgette* est un charmant bourg, rempli de cafés et d'auberges. La tour de pierres d'une des églises de *Louvres* est fort belle, et d'un travail du XIIe siècle, de même que le portail de l'Hôtel-Dieu.

2. Population suiv. l'A. J. 4,312. L'enceinte de la cité passe pour un ouvrage des Romains. Dans l'église de St. Maurice était le superbe mausolée d'un fou en titre de Charles V. dit le Sage, mort en 1374. Le clocher de l'église principale est un des plus hauts de la France.

3. *Pont St. Maxence* est remarquable par son pont sur l'Oise, qui est un ouvrage de la dernière magnificence, digne des anciens Romains.

4. Il y a une jolie promenade sur les remparts autour de la ville. On y a découvert des eaux minérales. Les Apicius modernes vantent *Roye* à cause de ses biscuits.

5. Popul. suiv. l'A. J. 3,706. Cette ville est surnommée *la pucelle*, parcequ'elle n'a jamais été prise. On trouve dans ce canton encore quelques-uns de ces bons et prudens chiens, dont l'adresse fourvoyait tous les limiers des fermes.

6. *Arras.* Populat. suivant l'A. J. 19,958. ☐. à l'Amitié: à la Constance. A la ci-devant abbaye de *St. Waast*, maison, cloître, église, bibliothèque, tout était riche et magnifique. Elle avait 800,000 livres de rentes. Elle sert à présent de chef-lieu à la 2de cohorte de la légion

d'honneur. Le poste est près de la promenade du rempart. La ville et la citadelle fortifiée par *Vauban* sont belles. Le baptistère est l'objet le plus frappant de l'église principale, d'ailleurs fort belle. *Arras* a deux places magnifiques. On y fait beaucoup de dentelles, de la batiste, des bas de fil, du savon, et de la porcelaine etc.

3. *Route de *) Paris à Bâle par Troyes, Langres Vésoul, Béfort.*

Postes de France.	*Noms.*	*Postes de France.*	*Noms.*
1	1. Charenton.	2	6. Chaumont.
1½	Grosbois.	2	Vesaignes.
1	2. Brie-sur-Hieres.	2	7. Langres.
2	Guignes.	1½	Griffonottes.
1	Mormans.	1½	Fay-Billot.
1½	Nangis.	1½	Cintré.
1½	Maison rouge.	1½	Combeau-Fontaine.
1½	Provins.	1½	Port-sur-Saone.
1	Nogent-sur Seine.	1½	8. Vésoul.
		1½	Calmoutier.
1	3. Pont-sur Seine.	2	9. Lure.
1½	Granges.	1½	Ronchamps.
1¾	Grès.	1½	Frahier.
2¼	4. Troyes.	1¼	10. Béfort.
2¼	Montiérame.	1½	Fussemagne.
1½	Vandoeuvre.	1¼	Altkirk.
2½	5. Bar-sur-Aube.	2	Trois-Maisons.
1¾	Colombey.	1½	11. Bourg-libre.
1	Suzainecourt.	1	12. *Bâle.*
		60	

Observations locales.

1. L'hôpital à *Charenton*, et les caves bâties à cent pieds au-dessus du sol du jardin. Ces caves sont éclairées par 4 lanternes en forme de puits. Au-delà du pont est situé l'utile établissement de l'école vétérinaire, et *Grosbois*, avec un beau château appartenant ci-devant au général *Moreau*.

2. Ci-devant *Brie-Comte-Robert*: elle commerce en blé et en fromages.

3. Près de là, le ci-devant château du Prince *Xavier de Saxe*: les jardins et les eaux étaient magnifiques.

4) Population suivant l'A. J. 24,061. ☐ l'union de la

*) V. la note à la 1 et 2 route.

Sincérité. Parmi les objets de curiosité, on compte l'église principale (l'un des plus beaux vaisseaux gothiques qui existent), celle de St. Nicolas, la bibliothèque centrale, et le château, où les comtes de Champagne fesoient leur résidence. Cette ville manque de bonne eau à boire. Mais en revanche les eaux de la Seine ont ici une autre propriété, celle de tanner les cuirs aussi bien que celles de Hongrie. La boucherie offre une singularité; les mouches n'y entrent jamais, ce qui est dû à la nature du bois dont elle est construite. La majeure partie de ces manufactures, consiste maintenant en toiles de coton de tous les genres, et en fabriques d'épingles, dont elle fait un grand débit. Les vins de son territoire ne sont pas sans estime, et ses fruits et ses légumes jouissent d'une sorte de célébrité. La statue pédestre de Louis XIV, par *Girardon*, a été renversée. *Paraclet* était dans le voisinage de *Troyes*: les cendres d'*Héloïse* et d'*Abailard* sont à Paris au *Musée*, et *Paraclet* a été vendu et démoli. D'après un arrêté, la Seine doit être rendue navigable depuis *Châtillon* à *Troyes*, et une nouvelle route conduira de *Troyes* à *Limoges*, par Clamecy, Premery, Nevers, Moulins-sur-Allier.

5. Ses vins sont renommés; à deux lieues de *Bar-sur-Aube* était la ci-devant abbaye de *Clairvaux*. On y conservait cette cuve fameuse, dite par excellence *tonne de Clairvaux*, qui contenait 800 tonneaux de vin: on y a établi maintenant une papeterie et une verrerie.

6. Cette ville se présente agréablement à l'oeil, et se dessine en amphithéâtre sur le penchant de la colline Ses toiles jouissent d'une certaine célébrité; on y fabrique aussi de gants de laine et de fil, de la bonneterie, de serges croisées etc. Population suivant l'A. J. 6,188. A une lieue de *Chaumont* on voyait l'abbaye du *Val-des-Écoliers*, rentrée dans la masse des propriétés nationales. On admire à *Chaumont* le portail de l'église du collège.

7. Population s. l'A. J. 7,283. C'est la ville de France la plus élevée. Elle voit naître autour de sa montagne trois rivières, la *Meuse*, la *Marne*, et la *Vingeanne*; l'air y est pur et salubre; on jouit du haut des tours de l'église principale d'un horizon sans bornes. Cette

église est d'une bonne architecture. Le vaisseau est immense. Il exista longtems dans cette église une cérémonie singulière, la *flagellation de l'alleluja*. On a découvert des monumens antiques, à différentes époques, tant dans la ville que dans les environs. Il sort des fabriques de *Langres* de bons ouvrages de coutellerie; les ciseaux de *Langres* sont renommés. Ses papeteries ont aussi de la réputation. C'est d'un coutelier de cette ville qu'étoit issu le célèbre *Diderot*. Les eaux minérales de *Bourbonne-les-Bains*, sont à 7 lieues de cette ville.

8. Population suivant l'A. J. 5,417. Chef-lieu du département de la haute-Saône. La montagne, que l'on appele *la Motte de Vesoul*, sert à abriter la ville. Les environs donnent des vins estimés. A *Leugne*, village à l'est de *Vesoul*, il y a une grotte, qui sert de baromètre à tous les paysans des environs. Au haut de la voûte, qui a 50 pieds, sont suspendus des colonnes de glace, d'une pesanteur prodigieuse. *Luxeuil*, petite ville, renommée pour ses bains chauds au nombre de cinq, est à 6 lieues de *Veson*. Les ruines des anciennes thermes à 400 pas de la ville, attestent encore la magnificence des beaux jours de Rome. La maison commune est ornée de pilastres, qu'on y a trouvés. Non loin de *Vesoul*, il faut voir *Scey-sur-Saône*, fameuse par le magnifique château, qu'y possédait la famille de *Beaufremont*.

9. Ville située dans une île formée par un étang, au milieu des bois et des montagnes. Elle a des forges et des verreries. L'abbaye de Bénédictins, qui y était établie, jouissait de beaucoup de prérogatives. L'abbé de Lure était prince de l'Empire.

10. Population suiv. l'A. J. 4,400. Ville très-forte; des moulins à poudre et des forges, fournissent à l'industrie de ses habitans.

11. Ci-devant *St. Louis-sous-Huningue*. Les personnes, qui ne peuvent pas arriver à Bâle, avant que les portes se ferment, ne trouveront qu'un très-mauvais gîte à Bourg-libre.

12. V. l'Itinéraire de la Suisse.

4. *Route de Bâle à Strasbourg.*

Postes de France.	*Noms.*	*Postes de France.*	*Noms.*
1	Bourg-libre.	2	Markolsheim.
1½	Gros-Kempt.	2¼	Friesenheim.
2	Bautzenheim.	1½	Kraft.
1½	Fessenheim.	2	2. *Strasbourg.*
1½	1. Neuf-Brisak.		
		15¼	

Observations locales.

Bourg-libre est la première douane française.

1. Ville bâtie par Louis XIV, plus renommée par ses fortifications, que par son commerce. Là poste aux chevaux est hors de la ville.

2. On parcourt les belles plaines de l'Alsace. La tour du *Munster de Strasbourg*, paraît de loin aux yeux du voyageur, comme une colonne isolée.

5. *Route de Paris à Bayonne, par Bordeaux et Limoges.*

Postes de France.	*Noms.*	*Postes de France.*	*Noms.*
76	1. Bordeaux.	1½	Mont-de-Marsan.
1¾	Bouscaut.		
1¾	Castres.	1¾	Campagne.
1½	Cerons.	2	Tortas.
1½	2. Langon.	1½	Pouton.
2	Bazas.	1¾	St. Paul-les-Dax
1	Beaulac.	2	St. Geours.
1½	Captieux.	1	St. Vincent.
1¾	Poteau.	1	Cantons.
1¼	Agreaux.	2	Ondres.
1½	Roquefort.	1½	3. Bayonne.
1½	Caloy.		
		107	

Observations locales.

1. Par Limoges. Voyez: Route à Bordeaux.

2. Il est dû au maître de poste de *Langon*, cinquante centimes (10 sols) par roue des voitures, qu'il tire à du bac.

3. Population suiv. l'A. J. 13,190. ☐. la Zélée. La situation de la ville au confluent de deux rivières, est une des plus belles; le vin de *Cap-Breton*, et le vin d'*Anglet*, sont très-bons. Les *allées marines*, ou le quai, est une promenade superbe. On ne trouve ici aucun point de vue d'où l'on ne découvre la ville, et les rivières, qui l'arrosent, les cîmes des *Pyrenées*, ou la mer. La coëffure des femmes Basques, fait un merveilleux effet. La *place de Grammont* est la plus belle place de la ville. La cathédrale est un édifice vénérable. Les jambons de *Bayonne* sont recherchés dans toute l'Europe. Une branche considérable du commerce de *Bayonne*, est le chocolat, dont on fait un grand débit. Les combats du taureau, et le jeu de paume, sont un des plaisirs favoris des Bayonnais, et en général des Basques. C'est à Bayonne que fut inventée *la bayonnette*.

6. *Route de Paris à Besançon par Langres.*

Postes de France.	*Noms.*	*Postes de France.*	*Noms.*
33 1/2	1. Langres.	1 3/4	Bonboillon.
1 1/2	Longeau.	1 1/2	Recologne.
3	Champlitte.	2	3. Besançon.
2 3/4	2. Gray.		
		46	

Observations locales.

1. Voyez Route de *Paris à Bâle*.

2. Il y a au moins 20 forges à 3 ou 4 lieues aux environs. La ville est très-agréable.

3. Population suiv. l'A. J. 28,436. ☐. les Amis fidèles réunis: la Sincérité et parfaite Union. C'est le chef-lieu du département du Doubs. Elle est jolie. On y trouve les restes d'un amphithéâtre Romain, d'un arc de triomphe, d'un temple etc. Le jardin du *palais Granvelle* est le rendez-vous de *Besançon*. La promenade de *Chammars* est très-agréable. Quelques fontaines, mutilées par les Vandales révolutionnaires, décorent les places de cette cité. La citadelle est extrêmément forte par sa situation. L'école de l'artillerie est

célèbre, et c'est une des villes de l'Empire, où l'on fabrique les meilleures armes, soit blanches, soit à feu. Les environs sont très-pittoresques. On y trouve un café, et plus loin des bains chauds très-fréquentés. Cette ville a une fabrique d'horlogerie, qui égale celle de Genève; on y fabrique des indiennes, mousselines, toiles, couvertures de laine, etc. La montagne de *Chaudane*, de l'autre côté, est richement habillée de taillis et de buissons épars: rarement il se passe un beau jour, sans que des sociétés ne viennent faire des parties chez le propriétaire. Dans la ci-devant église des Carmes, on voyait une descente de croix de *Bronzin*, peinte sur bois. A *Ornans*, à 3 lieues de *Besançon*, il y a un puits, qui se dégorge quelquefois, et inonde les campagnes. On appele *umbres* les poissons, qu'il jette. Les amateurs de l'hist. nat. trouveront dans les environs de *Besançon*, à *Mieri* et *Burille*, dans le village nommé *Pouilley*, de nombreux objets de leur curiosité. Les fameuses grottes d'*Aussel* sont à cinq lieues de la ville. Elles renferment de ces cristallisations où la nature semble s'être plû à copier des chefs-d'oeuvre de l'art.

7. *Route de Paris à Bordeaux, par Limoges.*

Postes de France.	*Noms.*	*Postes de France.*	*Noms.*
1½	Berny.	2	Fay.
1	Lonjumeau.	2	Bois-Mandé.
1½	Arpajon.	3	Morterolles.
1½	Etrechy.	3	Nipoula.
2	1. Etampes.	2½	5. Limoges.
1	Montdesir.	1½	Aixé.
1	Angerville.	1½	l'Etang.
1¾	Toury.	1	Chalus.
1½	Artenay.	1½	la Coquille.
1	Chevilly.	2	Thiviers.
1¾	2. Orléans.	1½	Palissoux.
2½	Ferté-Lowendal.	1½	Tavernes.
2	Motte Beuvron.	1¼	6. Périgueux.
3	Salbris.	2¼	Massoulie.
1½	la Loge.	2	Mussidan.
2	3. Vierson.	2	Montpont.
1¼	Massey.	2	St. Méard.
2	Vatan.	2½	7. Libourne.
1½	Epine-Fauveau.	1	St. Pardoux.
2	4. Chateauroux.	2	Carbon-blanc.
2	Lottier.	2	8. Bordeaux.
1¾	Argenton.		

Observations locales.

1. On a découvert un grand nombre de fossiles aux environs de cette ville qui a un air riant. L'action généreuse du maire *Simoneau* en 1792, est oubliée comme sa mort, et l'on demande en vain à *Etampes*, où s'élève le monument, que l'assemblée nationale lui avait décrété. — Dans les environs de cette ville on pêche beaucoup d'écrévisses, qui sont rénommées.

2. Population suivant l'A. J. 41,937. □ Jeanne d'Arc. La rue du faubourg de Paris, et d'une longueur prodigieuse. Les environs sont très-agréables, surtout le faubourg d'*Olivet* qui communique avec la ville par un pont, qui traverse la *Loire*, et est regardé comme l'un des plus beaux monumens de ce genre, que possède la France. La statue de la *pucelle d'Orléans* a été renversée avec la statue de *Charles VII*, et vient d'être remplacée par une autre. De loin, le mail et les autres arbres plantés en beaucoup d'endroits le long du rempart, font paraître *Orléans* à demi fermé de murailles vertes. Le *jubé* de la ci-devant cathédrale, plaît aux connaisseurs. Les superbes tours de Ste. Croix, dont les colonnes circulent en spirale jusqu'à leur faîte, voisin de la nuë, se découvrent au loin. Il y a dans cette ville une bibliothèque publique. On y fabrique des espèces de calottes de laine extrêmément fine, que l'on fait teindre en écarlate pour le levant; la chapellerie, la coutellerie, la tannerie, la bonneterie occupent une infinité de bras, et il sort de ses raffineries, environ 100,000 quintaux de sucre par an. Mais les plus fortes branches du commerce sont les vins, les eaux de vie, et les vinaigres. Le *canal d'Orléans* commence à une lieue et demie au-dessus de la ville, et sa longueur est de 18 lieues. Près de la ville est la délicieuse maison de la source du *Loiret*. Cette source est une merveille de la nature. Le pont et les maisons de campagne sur le Loiret, offrent des paysages charmans. La maison du célèbre Lord *Bolingbrocke*, avec une inscription, est près du Pont.

3. Petite ville très-ancienne, qui ne manque pas de promenades; les draps qu'on y fabrique, sont peu connus, mais les forges sont très-renommées.

4. Dans une belle et vaste plaine, avec une manufacture de gros draps.

5. Population suiv. l'A. J. 20,255. ☐ l'Amitié. L'église principale est mi-gothique et mi-arabe, mais pas finie. L'évêché est le plus bel édifice de la ville; on remarque encore la *fontaine d'Aigoulène*, le plus beau des ouvrages publics, la place d'*Orsay* sur l'emplacement d'un amphithéâtre Romain, et la place *Montmaillé*. La promenade de *Fourny* est belle. St. *Martial*, ci-devant abbaye, intéresse par son antiquité. On y travaille délicatement en émail. Les chevaux des environs sont très-fins et renommés. La mine d'antimoine est fort en réputation. De *Limoges* à *Troyes*, V. No. 3. de l'Itinéraire, obs. loc. 3.

6. Population suiv. l'A. J. 5,733. ☐ l'Anglaise de l'Amitié. Cette ville fournit des pâtés de perdrix délicieux, et des dindes farcies de truffes, connues dans toute la France. Elle conserve plusieurs monumens romains, entre autres un amphithéâtre, et la *tour de Vesune*. Tout près de la ville est une fontaine, qui a flux et reflux chaque jour, et un soûterrain curieux, nommé le *Cluseau*. A 2 lieues de *Périgueux* est le château de *Montagne*, qui porte encore le nom de ce célèbre auteur.

7. Petite ville, bien peuplée et jolie; tout autour de la ville on trouve de jolies promenades.

8. Voyez: tableau etc. Trois autres routes mènent de Bordeaux à Paris; l'une par Saintes, Niort, Poitiers, Tours et Vendôme, 76 postes; l'autre par Angoulême, Poitiers, Tours et Orléans, 76½ postes: et la troisième, par Angoulême, Poitiers, Tours, Vendôme et Chartres, 75½ postes. (A *Angoulème* bonne auberge chez *Madame Bertrand*.) ☐ l'Aménité: l'Harmonie parfaite.

8. *Route de Paris à Brest, par Rennes.*

Postes de France.	*Noms.*	*Postes de France.*	*Noms.*
2¼	1. Versailles.	1¼	4. Verneuil.
2	2. Pontchartrain.	2	St. Maurice.
1½	la Quene.	2½	5. Mortagne.
1½	Houdan.	2	Mesle-sur-Sarthe.
1	Marolles.	1¼	Ménilbroust.
1½	3. Dreux.	1½	6. Alençon.
1½	Nonancourt.	1½	Sarthon.
1½	Tilliere.		

Postes de France.	Noms.	Postes de France.	Noms.
1½	Prez-en-Pail.	2½	Broon.
2	Ribay.	1½	Langouèdre.
2¼	7. Mayenne.	2	11. Lamballe.
2	Martigné.	2½	12. St. Brieux.
2	8. Laval.	2	Châtelaudren.
2½	Gravelle.	1½	Guingamp.
2	9. Vitré.	2½	Bellisle en terre.
2	Châteaubourg.	2	Ponton.
1½	Noyal.	2	13. Morlaix.
1½	10. Rennes.	2½	Landivian.
1½	Passé.	2	Landernau.
1½	Bedée.	3	14. *Brest.*
1½	Montauban.		
		74½	

Observations locales.

1. V. le tableau de quelques villes principales

2. Le parc est très-bien planté.

3. Population suiv. l'A. J. 5,437. Ville ancienne, célèbre par la bataille de 1552 sous *Charles IX.* On y fabrique des draps, quelques cuirs et des toiles, mais de peu d'importance.

4. Petite ville. C'est l'endroit de la France, où l'on tanne le mieux les peaux de veau, pour la reliure des livres.

5. Connu par ses fabriques de serge et de toiles. C'était de l'autre côté de *Mortagne* que se trouvait cette fameuse Abbaye *de la Trappe.* Là, se réalisa cette avanture du comte de *Comminges*, qui paraît un roman de l'esprit, et que le régime seul de la *Trappe* pût enfanter: là est enterré le fondateur de ce régime, l'abbé *de Rancé.* La révolution a fait fuir les religieux de la Trappe, et l'abbaye est vendue.

6. Population suiv. l'A. J. 12,407. ☐. la Fidélité. La maison commune est d'une architecture élégante. Le portail de l'église de Nôtre-Dame est estimé. Les voûtes sont belles et élévées. On y fait de bonnes toiles et des dentelles, connues sous le nom de *pointe d'Alençon.* Le prix d'une paire de manchettes est de. 120 livres jusqu'à 1200 et 2400. Ces manchettes sont d'hiver. Dans la mine de *Hertre*, à 2 lieues de la ville, il se trouve parmi des pierres à bâtir, de faux diamans, qui portent le

nom de *diamans d'Alençon*. Cette mine, presqu'épuisée aujourd'hui, en a produit de si brillans, que des connaisseurs s'y sont mépris.

7. Une fabrique de mouchoirs, façon de Béarn, y est établie.

8. Population suivant l'A. J. 13,825. Son territoire renferme des carrières de marbre jaspé. Ses fabriques de toiles et de siamoises, et ses blanchisseries, ont de la réputation.

9. Population suiv. l'A. J. 8,809. Il s'y fait un grand commerce en toiles, et en bas et gants de fil.

10. Population suivant l'A. J. 25,904. □. La parfaite union: la triple union. La grande place où il y avait, ci-devant, une statue équestre de Louis XV., est très-belle; la maison commune mérite d'être vue, de même que le palais de l'ancien parlement, avec des plafonds de *Jouvenet*. *Rennes* a une société d'agriculture et un Lycée. Le beurre qui se fait *à la Prévalaye*, à une lieue de *Rennes*, n'a de comparable en France que celui de la vallée de *Campan*, sur l'Adour, à une lieue de *Bagnères*.

11. Petite ville où l'on vend beaucoup de toiles et de parchemin. □. L'union philanthropique.

12. Ville avec un bon port: ses habitans passent pour les meilleurs pionniers de France. Leurs barques se rendent en moins de 6 h. à St. Malo, à Jersey etc. □. La Vertu triomphante.

13. Population suiv. l'A. J. 9,351. □. La fidèle Union. L'église de N. D. des murs, est d'une structure singulière; l'hôpital est très-beau, et le port considérable. On y fabrique des toiles, dites *Crées*, ou de *Morlaix*. On y prépare aussi très-bien le tabac.

14. V. le tableau. Une seconde route, plus courte de 5 postes, mène de Brest à Paris par Lamballe, Dol, Mayenne et Alençon.

9. *Route de Paris à Bruxelles, par Soissons, Laon, Maubeuge et Mons.*

Postes de France.	*Noms.*	*Postes de France.*	*Noms.*
1 1/2	Bourget.	1 1/2	Nanteuil - Haudouin.
2	Mesnil.		
2	1. Dammartin.		

Postes de France.	Noms.	Postes de France.	Noms.
1½	Lévignen.	2	la Capelle.
2	Villers-Côterets.	2	Avesnes.
1½	Vertefeuille.	2	4. Maubeuge.
1½	2. Soissons.	2½	5. Mons.
2	Vaurains.	2¼	Haine St. Pierre.
2	3. Laon.	2	6. Nivelle.
2½	Marle.	3¾	7. *Bruxelles.*
1½	Vervins.		
		37	

Observations locales.

1. L'éminence sur laquelle ce bourg est situé, lui procure une vue très-agréable, qui domine sur une plaine immense. L'ancien château offre une ruine très-pittoresque. L'explôsion de la poudre ne produisit d'autres effets que des fentes verticales; c'est ce qui a donné lieu à ce proverbe: *c'est le château de Dammartin, il crève de rire.*

2. Population suiv. l'A. J. 7,229. La ci-devant *abbaye de St. Médard* est dans un état de dévastation complette; cette abbaye, dont tout annonçait l'antiquité vénérable, et qui renfermait des monumens précieux, est à présent la propriété d'un tanneur: l'église est en partie abattue, mais les soûterrains, le séchoir de la tannerie, existent encore; le tombeau de *St. Médard*, est une cave, celui de *Clotaire I.* avec la chapelle, une écurie, et ce qui reste du palais des rois de la première race, sera démoli sous peu. On y voyait encore la prison de *Louis-le-Débonnaire*, et sur le mur, des caractères gravées de sa main. Les dehors de la ville sont charmans. La ville prise plusieurs fois d'assaut et livrée à toutes les horreurs, se ressent encore aujourd'hui de ces désastres. Plusieurs conciles ont illustré *Soissons*. *Abailard* y fut condamné. Près de *Soissons* est *St. Gobin*, ville intéressante par la manufacture des plus belles glaces que l'on connaisse en Europe. L'empereur de la Chine possède les plus grandes et les plus larges, qui soient sorties de cette manufacture.

3. *Laon* est jôliment situé sur le sommet d'une colline, et s'apperçoit à 7 ou 8 lieues de distance de chaque côté. C'est le chef-lieu du département de l'*Aisne*. Sa population suivant l'A. J. 6,691. On estime les artichaux qu'on y cultive. Les pierres dont la ville est bâtie,

bâtie, sont pleines de petites pierres lenticulaires et d'huîtres. C'est des cailloux cristallisés que l'on ramasse dans ses environs, que se fabriquent les glâces de *St. Gobin*, qui est voisin de *Laon*.

4. ☐. Les amis des moeurs. Il n'y a point de poste montée à *Maubeuge*; c'est celle de *Douzies* qui en fait le service. Toute personne partant en poste de la ville de Maubeuge, envoie chercher des chevaux à Douzies, et paye en conséquence une demi-poste de plus. *Maubeuge* est devenue célèbre par le siège et les campagnes de l'an 1793 et 1794.

5. ☐. la Concorde. Près de *Mons* se donna en 1792 la fameuse bataille de *Jemmappe*. Le champ de bataille est à gauche du grand-chemin, vers le marais. Entre *Boissy* et *Jemappe*, on remarque un monument de briques et plusieurs piliers, le premier en mémoire du prince Charles de Ligne, les autres en mémoire de quelques officiers-généraux qui y furent tués. Le château et ses jardins, la célèbre ci-devant abbaye de *Wautru*, et le collège des ci-devant Jésuites, méritent l'attention du voyageur.

6. Il est dû 4 postes un quart de Bruxelles à Nivelle, et 3¾ seulement de Nivelle à Bruxelles.

7. Une seconde route, pareillement de 31 postes et ½, mène de Bruxelles par *Valenciennes* à Paris. (V. tableau de quelques villes.) *Valenciennes* et ses environs, portent l'empreinte du siège de ce nom. On apperçoit du haut des remparts de *Valenciennes*, le champ de bataille de *Famars*. Le monument du général *Dampierre*, a été enlevé. ☐. La parfaite Union: St. Jean du désert.

10. *Route de Paris à Calais, par Abbéville.*

Postes de France.	*Noms.*	*Postes de France.*	*Noms.*
15½	1. Amiens.	1½	2b. Montreuil-sur-mer.
1½	Pecquigny.	1½	Cormont.
1	Flixcourt.	1	Samers.
1¼	Ailly-le-haut-clocher.	2	3. Boulogne.
1½	2. a. Abbéville.	1¾	Beaupré.
1½	Nouvion.	1	Hautbaisson.
1	Bernay.	1½	4. Calais.
1	Nampont.		
		34½	

Observations locales.

1. Voyez la route de Paris à cette ville, No. I.

2. a) Population, suiv. l'A. J. 18,052. Cette ville est distinguée par sa *saïetterie*, nom général qui désigne toute étoffe de laine, par ses beaux draps de *Vanrobès*, ses *damas d'Abbeville*, et les *mocquettes*, dont le tissu est semblable à celui du velours; la fabrique de peluches et pannes est la plus ancienne. La manufacture des *Vanrobès* avait dans ses beaux jours, de vastes bâtimens, de magnifiques jardins, et occupait 4,000 personnes: en revanche il y a à présent deux fabriques qui ont le plus grand débit, celle de biscotins, et celle de pâtés d'anguilles et d'esturgeons. *St. Valéry-sur-Somme*, petit port, près d'*Abbéville*, est le diminutif de *Dieppe*: même industrie, même genre de pêche. Il faut voir les champs de *Crécy*, célèbres par la bataille, où les Anglais se servirent pour la première fois de canons. A *Abbéville* il y a une société d'émulation.

2. b) *Montreuil-sur-mer*, comptait avant la révolution 5 ou 6 églises, dont M. *Campe* ne trouva plus que les ruines. Sa situation agréable l'avait fait choisir de préference, jadis, par les rentiers: à présent elle est déserte et appauvrie; sa population n'excède pas 3,600.

3. ☐. St. Frédéric des Amis choisis. C'est le port où s'embarquaient les Romains quand ils passaient chez les *Bretons*. La flotille de l'expédition de Napoléon contre l'Angleterre, et sa côte de fer, l'a rendu de nouveau célèbre. Le commerce consiste en poissons de mer: on y construit beaucoup de vaisseaux; non loin de *Boulogne* est le monument de l'infortuné navigateur des airs, *Pilâtre de Rosier*. Population, suivant l'A. J. 10,606.

4. Population suivant l'A. J. 6,996. ☐. Les Amis réunis sur les côtes de l'océan: *la parfaite union: St. Louis des amis réunis*. Petite ville charmante, son port est aussi gai que vivant. C'était avant la guerre plutôt une hôtellerie entre la France et l'Angleterre, qu'une barrière entre les deux empires. La pêche des harengs et des maquereaux est considérable. Il y a dans cette ville deux bonnêteries, et l'on y fait des savons verts liquides. Nous avons fait mention à l'Itinéraire d'Angleterre, de l'hôtel *Quillacq*, ci-devant *Dessain*, au lion-d'argent. C'est une petite ville au milieu de Calais.

La paroisse, bâtie par les *Anglais*, et la tour de *Guise*, sont d'une architecture pittoresque. Près de *Calais* on voit une colonne, qui marque la place, où descendit le ballon de *Blanchard* à son passage aërien. (V. Almanach départemental du Pas-de-Calais, par *Pisquenard*. An. X.)

II. *Route de Paris à Die pe, par Rouen et Pontoise.*

Postes de France.	*Noms.*	*Postes de France.*	*Noms.*
1	1. St. Denis.	1 3/4	Bourg-Baudouin.
1 1/2	2. Franconville.	1	Forge-Feret.
1 1/2	3. Pontoise.	1 1/2	4. Rouen.
2	Bordeau - de - Vigny.	2	Cambres.
1 1/2	Magny.	1 1/2	Tostes.
2	Thilliers.	1 1/2	Osmonville.
2	Ecouis.	2	5. Dieppe.
		22 3/4	

Observations locales.

1. V. environs de Paris.

2. V. environs de Paris.

3. Population, suiv. l'A. J. 5,174. L'église de St. Martin est d'architecture gothique, et d'une hardiesse étonnante; six frêles piliers soutiennent la voûte du choeur, et la tour. Dans l'église de St. Mallon on voit un tableau très-estimé, représentant une descente de croix, et un superbe tableau de *Jouvenet*. La tour est belle. Sur la cloche qui servait à sonner le tocsin, on lisait un vers latin d'une harmonie singulièrement imitative, et qui exprime le son du tocsin: *Unda, unda, unda, unda, unda, unda, unda, accurrite cives*. De *Pontoise* à *Gisors* 4 postes. A *Gisors* l'église décorée de superbes vitraux et de plusieurs ornemens de sculpture, parmi lesquels on distingue un squelette de la plus effrayante vérité.

4. Population, suiv. l'A. J. 87,000. ☐. L'ardente amitié: la parfaite égalité. Parmi les beaux édifices, on y distingue la grande salle du palais, le vieux château et l'église principale; où était la fameuse cloche. Le clocher des ci-devant bénédictins de *St. Ouen*, est d'une

forme élégante, quoique gothique. Dans le même faubourg, le long de la Seine, est un des beaux cours de l'Europe. Les toiles de *Rouen*, particulièrement les siamoises, sont très-estimées. Il y a dans cette ville une société d'émulation, une société des sciences et arts, un Lycée, un musée, et une bibliothèque publique. Les eaux minérales de *St. Paul*, sont tout prés de *Rouen*. *Rouen* est mal-bâti, mais sa situation est charmante et ses dehors sont déliceux. C'est l'entrepôt des richesses maritimes, débarquées au *Havre*. Le pont de bâteaux sur la Seine, est pavé et d'une construction curieuse.

5. Population, suiv. l'A. J. 20,000. ☐. Les Coeurs unis, ci-devant St. Louis. Ce port est un de ceux, où l'on s'embarque pour l'Angleterre. Les dentelles que l'on fait à *Dieppe* sont renommées: on y travaille aussi fort délicatement l'ivoire. Une figure de 8 à 10 pouces bien finie se paye six louis. La pêche du hareng est une branche principale du commerce de *Dieppe*. De la tour de l'église paroissiale de St. Jacques, qui est très-belle, l'on découvre les côtes d'Angleterre.

12. *Route de Paris à Dunkerque, par Senlis, Péronne, Cambray, Douay et Lille.*

Postes de France.	*Noms.*	*Postes de France.*	*Noms.*
16 1/2	1. Péronne.	1 1/2	4. Lille.
2	Fins.	2	Armentières.
1 1/2	Bon-Avis.	1 1/2	Bailleul.
1 1/2	2. Cambray.	2 1/2	5. Cassel.
1 1/2	Bac-à-Bincheux.	2 1/2	Bergues.
1 3/4	3. Douay.	1	6. Dunkerque.
2 1/2	Pont-à-Marque.		
		38 1/4	

Observations locales.

1. V. No. 2.

2. Population, suiv. l'A. J. 13,799. ☐. Thémis. Belle citadelle quoiqu'antique; grande place, qui, quoiqu'irrégulière, fait un bel effet. L'hôtel de ville et le palais ci-devant épiscopal, sont superbement bâtis. Mais les maisons y sont dans la direction espagnole, c. à d. que les pignons y bordent les rues et non les façades. Le clocher pyramidal de l'église principale, que l'on regardait comme un chef-d'oeuvre de l'art, vient d'être

renversé par l'ouragan du 30. Janvier 1809. De cette église partait tous les ans le 15. Août une procession célèbre dans les environs. *Cambray* est renommé pour ses toiles de lin, ses linons, ses batistes, ses blanchisseries.

3. Population, suiv. l'A. J. 18,230. □. La parfaite union. Cette ville a un bel arsenal, une fonderie de canons, et une école d'artillerie. L'église, la maison commune, et la grande place, sont à remarquer. C'est le chef-lieu, du département du Nord. *Tous les ans on y promène* 5 ou 6 figures colossales sous le nom de M. *Gaillan et sa famille*, qui défendit lui seul *Douai* contre 100,000 hommes. Au village de *Lalain*, des tombeaux anciens dans l'église, d'une sculpture remarquable.

4. Population, suivant l'A. J. 54,756. □. *les Amis réunis*: la fidélité: la modeste. La citadelle de *Lille* est regardée comme une des plus fortes de l'Europe. Cependant on estime davantage celle de *Turin*. On admire en cette ville, la porte principale, le théâtre, la bourse, *les casernes*. *Les camelots* de *Lille sont renommés*. On voit autour de la ville 200 moulins-à-vent, pour l'huile de *Colsat*, qui sert à peindre et à brûler. La ville de tout tems l'arène des scènes sanglantes de la guerre, avait beaucoup souffert par le bombardement de 1792.

5. *Cassel*, célèbre par trois batailles de son nom, n'a plus que l'étonnement de son point de vue, pour arrêter le voyageur. L'oeil plane sur une multitude de villes, presque tous remarquables par quelque événement des guerres, anciennes et modernes.

6. La route de *Dunkerque* à *Paris*, par Calais, Boulogne, Amiens, est de 39 postes, et la route par St. Omer, Arras et Péronne, de 37. *Kerque* en flamand signifie *église*, de là est venu *Dunkerque*, église des dunes. Cette ville compte 16,832 habitans. □. L'amitié et fraternité: la trinité. La pêche et les armemens en course, ont rendu les matelots Dunkerquois fameux, et le héros marin, *Jean-Bart* y naquit. Les maisons sont en briques blanches d'une exacte symmétrie. Un quai très-long et très-solide, conduit du port à l'intérieur de la ville. La corderie, et le magasin des matelots sont deux corps de bâtimens, de près de 100 toises de face chacun. Les casernes sont belles. Il y a dans cette

ville une école publique de mathématiques et d'hydrographie, des fabriques considérables de tabac et d'amidon, plusieurs raffineries de sucre, des corderies, des verreries et des fayenceries.

13. *Route de Lille à Ostende, par Ypres.*

Postes de France.	Noms.	Postes de France.	Noms.
2	1. Menin.	2½	Dixmude.
2¼	2. Ypres.	3	13. Ostende.
		9¾	

Observations locales.

1. A *Menin* des blanchisseries d'après les procédés chimiques de Mr. *Chaptal. Menin* est célèbre par la belle défense du général *de Hammersmidt* dans la guerre de la révolution.

2. Le canal de *Bösingen*, le collège des ci-devant Jésuites, méritent d'être vus. Le village de *Waton* nonloin d'*Ypres*, passe pour l'un des plus grands de la Flandre. Le ci-devant chapitre de *St. Martin* sert à présent de chef-lieu à la 3me cohorte de la légion d'honneur.

3. Population, suivant l'A. J. 10,459. ☐. les trois niveaux. Cette ville était devenue dans les premières années de la révolution un des passages les plus fréquentés de la terre-ferme en Angleterre. Son commerce a été presque anéanti par la guerre; et son port a été encombré en partie. Le *canal d'Ostende* est connu.

14. *Route de Paris à Genève, par Sens, Auxerre, Dijon et Macon, de même que par Dôle.*

Postes de France.	Noms.	Postes de France.	Noms.
1	1. Villejuif.	1	Villeneuve.
1¼	Fromentau.	1½	Pont-sur-Yonne
1½	2. Essonne.	1½	4. Sens.
1¼	Ponthierry.	1¾	Villeneuve-sur-Yonne.
1	Chailly.		
1¼	3. Fontainebleau.	2	5. Joigny.
1½	Moret.	1½	Bassou.
1½	Fossart.	2	6. Auxerre.

Postes de France.	Noms.	Postes de France.	Noms.
1	St. Brix.	2	Senecey.
2	Vermanton.	1½	Tournuis.
2¼	Lucy-le-Bois.	2	12. St. Albin.
1½	Cussy-les-Forges.	2	13. Mâcon.
		2	Logis-neuf.
1	Rouvray.	2	14. Bourg-de l'Ain.
2	Maison-neuve.		
2	Viteaux.	2½	Point d'Ain.
1¾	Chaleure.	1¼	15. Cerdon.
2½	Pont-de-Panis.	1¼	Maillac.
1	Cude.	1	16. Nantua.
1½	7. Dijon. *)	1½	17. St. Germain-le Joux.
1½	8. Baraque.		
1½	9. Nuits.	1¾	18. Bellegarde.
1¾	10. Beaune.	2	19. Colonges.
2	Chagny.	2	20. St. Génis.
2	11. Châlons-sur Saone.	1½	21. *Genève.*
		74½	

Observations locales.

1. Sur la hauteur de la descente près de Villejuif, l'oeil embrasse Paris, c. à. d. un monceau grisâtre et immense de tours et d'édifices irréguliers, qui composent cette ville, et qui s'étendent à gauche et à droite, presqu'à perte de vue. Je n'oublierai de ma vie ce coup d'oeil *imposant*. Le point de vue le plus favorable, est près de la pyramide qui indique la ligne par où passe la méridienne; on est alors à une hauteur égale au som-

*) Une route à *Genève* qui abrège de beaucoup, est celle de *Dijon* par *Dôle*; savoir: Genlis 2 p. Auxonne 1½. Dôle 2. Mont-sous-Vaudrey 2½. Poligny 2¼. Champagnolle 2½. Maison-neuve 1½. Morez 3. La Vattay 2½. Gex 2. Genève 2. V. les observ. loc. sur cette route, à l'article de Genève, pag. 60. On peut aussi se rendre de *Paris* à *Dijon*, par *Tonnerre*, 38½ postes. A *Tonnerre* on voit l'un des plus beaux monumens érigés aux sciences, un grand *Gnomon*, construit en 1786, encore unique dans son genre: ce monument, tracé dans le superbe hôpital, a beaucoup souffert pendant la révolution, où cette église devait être convertie en magasin à foin. De *Dijon* on devait faire l'excursion au château de *Montbard*, célèbre pour avoir été l'habitation et le témoin des travaux du grand *Buffon*. On passe par *Val-Suzon*, renommé par ses truites; *Ste. Seine*, source de la Seine; *Chanceaux* et *Villeneuve*. On loge à *Montbard*, à l'Ecu, chez l'ancien cuisinier de *Buffon*.

met de *Nôtre-Dame*. Vous avez à gauche *Bicêtre*, et votre oeil s'arrête, avant de passer la barrière, sur l'observatoire.

2. Ce lieu existait déjà sous le regne de *Clovis*. On y a établi plusieurs manufactures de papiers, d'indiennes etc. un moulin à poudre. Il y a de bonnes auberges à *Essonne*.

3. Voyez *Environs de Paris*.

4. Population, suiv. l'A. J. 10,117. Au confluent de la Vanne et de l'Yonne. L'aspect de la ville est flatteur. Des vestiges de temples, de portiques, d'amphithéâtres attestent son antique splendeur. La cathédrale contient nombre de curiosités, et le célèbre tombeau de marbre du Dauphin et de la Dauphine, relégué dans une chapelle mesquine; le trésor de l'église mérite d'être vû. Le vaisseau est un beau morceau d'architecture gothique. L'original de l'ancien *office des fous* est conservé à présent à la bibliothèque du Collège, dont les collections sont très-intéressantes. N'oubliez pas la collection de tableaux de *M. Thomas*. C'est à *Sens*, que se fabrique cette étoffe, dite velours d'Utrecht. Il y a ici des amidonneries, blanchisseries, bonnêteries, chapelleries, des manufactures de colle-forte, d'étoffes, de flanelles, de futaines, de siamoises, de toiles de coton et de filatures de coton, etc. On y fabrique des *montres d'eau*. Près *Sens* existe la fontaine curieuse de *Véron*, sur la route de *Villeneuve*. Son eau a la qualité de pétrifier la mousse, la bourbe, et de produire, dit-on, des pierres-ponces. On lui a reconnu aussi quelques vertus médicinales. La carrière de craie à *Michery* est remarquable par sa voûte soûtenue par des piliers, où une voiture à 4 chevaux peut circuler.

5. Population suiv. l'A. J. 5,132. Jolie petite ville, embellie de casernes, et précédée d'un pont et de quelques allées, qui font un bel effet. Ses vins rouges, quoiqu'ils ne soient pas de la première qualité, sont recherchés.

6. Chef-lieu du département de l'Yonne. Population suiv. l'A. J. 12,047. Ses dehors sont délicieux; le ci-devant palais de l'évêque était le plus bel édifice épiscopal de France. La principale église est fort belle. De ses vins, ceux de *Chablis* d'*Yrancy*, de *Coulanges*, de *Migrenne*, sont les plus renommés. A deux lieues

d'*Auxerre*, la fontaine de *Belombre* qui, comme celle de Véron, forme des concrétions bizarres. A *Auxerre* fut inventé en 1591, cet instrument de musique, appelé *Serpent*. Bonne auberge, au Léopard. Il y a ici l'Athénée de l'Yonne. Il faut voir la bibliothèque publique, le médailler de *M. Fournier* et le riche cabinet de *M. de la Bergerie*. Cette ville atteste encore son antiquité Romaine. A une demi-lieue de *Lucy*, sur la grande route, sont les *grottes d'Arcy*, remarquables par leurs incrustations.

7. Population suiv. l'A. J. 18,888 □. Les arts réunis; la Concorde: la Sincérité. C'est une des belles villes de la France et le chef-lieu du département de la Côte-d'or. Le palais national, l'hôpital, la rue d'égalité, ci-devant de Condé, le portail de l'église de St. Michel de *Hugues Sambin*, l'émule et l'ami de *Michel-Ange;* le portail de l'église Nôtre-Dame, chef-d'oeuvre d'architecture gothique, mais où le vandalisme a détruit l'harmonie, en brisant les statues, qui étaient dans les pendentifs; la grande place, ci-devant ornée d'une belle statue équestre de Louis XIV.... voilà ce qui de préférence doit fixer l'attention des voyageurs. La Chartreuse; jadis si renommée par sa bonne-chère, ses palais, sa basilique, ses mausolées, a été dévastée par le vandalisme révolutionnaire: le soc y a passé: on regrette surtout les tombeaux en marbre de Paros des Ducs de Bourgogne, et dont les statues existent encore au Musée. Dans ces tems de désordre périt cette boiserie, qu'offrait l'intérieur de la cathédrale. Mais ils existent encore, les deux chefs-d'oeuvres surprenans de l'art, la *flèche de St. Benigne*, et celle de *St. Jean;* la première est à coup sûr la plus belle flèche qui soit en Europe. Elle est élevée de 375 pieds à compter du pavé; l'autre jaillit à près de 300 pieds de hauteur. Les avenues de *Dijon* sont charmantes, et les promenades *du cours*, de *l'arquebuse*, et du *Parc* sont des plus belles de la France. Cette ville possède un Musée, qui contient nombre de tableaux, et une collection de sculptures, d'estampes etc., et qui est ouverte au public tous les dimanches: ajoutez-y le jardin botanique, avec le sarcophage de son fondateur; quelques monumens anciens enchassés dans son mur; l'académie et ses collections; la riche bibliothèque de la ville; le musée lapidaire, chez M. Richard. J'ai très-bien logé à l'hôtel

Dauphin, qui sans doute, lors de la révolution a changé de nom. Il y a à *Dijon* des fabriques de velours, de coton, de mousselines, de toiles peintes, de droguets, de chapeaux, de cire etc. De la ci-devant abbaye de *Citeaux*, et de ses caves fameuses, il n'existe plus que le souvenir; ses monumens et l'église ont disparu.

8. Près de la Baraque croît le *vin de Chambertin*, le plus estimé en Angleterre. On passe par le village de *Clos-de-Vougeot*, où croît le vin le plus renommé des vins de Bourgogne. La vigne, ci-devant la propriété de *Citeaux*, appartient à présent à un banquier. La bouteille se paye 6 francs sur les lieux.

9. A *Nuits* et à *Beaune* il y a des crûs recherchés de la Bourgogne. Les vins de *Nuits* ne sont devenus célèbres, que depuis la maladie de Louis XIV. en 1680.

10. *Beaune* a un magnifique hôpital. ☐. les amis de la Nature et de l'Humanité.

11. Population suivant l'A. J. 10,431. Dans une charmante plaine. Les débris d'un amphithéâtre, et des inscriptions, attestent l'antiquité romaine de cette ville; on en trouve des restes de tems en tems. L'église principale et la maison commune sont de beaux édifices. Chez les ci-devant Carmes était la tombe de l'épicurien *Desbarreaux*, converti par une omelette. La bibliothèque, ou l'ancien collège, l'hôpital de St. Laurent, la maison des bains publics etc. On prépare dans cette ville *l'essence d'Orient*, qui sert à faire les fausses perles. Un objet curieux c'est-là machine hydraulique. Le plus joli des costumes villageois est peut-être celui des bergères des environs de *Châlons*. Les vins des environs de cette ville sont estimés; on distingue surtout ceux de *Mercurey*. V. sur les usines de *Creusot* qui sont entre *Chalons* et *Autun*, No. 21. des routes, à l'obs. loc. 14.

12. Entre *St. Albin* et *Mâcon* l'on voit, au levant, le mont *Jura*, et les montagnes du pays de *Gex*, et au sud le *Mont d'or* à 3 lieues de *Lyon*. La navigation sur la Saône par la *diligence d'eau*, offre plus d'agrément que la route par terre; cela s'entend de *Châlons* jusqu'à *Mâcon*, et même jusqu'à *Lyon*.

13. *Mâcon* n'est éloigné de Lyon que de 7 postes. Son aspect est agréable: une île que forme la Saône au

dessus du pont de *Mâcon* est un véritable tableau de l'*Albane*. Le costume des Mâconnoises est célèbre. Les vins du territoire sont estimés. On cite les confitures de cette ville, et le *cotignac* de *Mâcon* jouit d'une grande réputation. Le cabinet de M. de *Roujoux* renferme des antiquités intéressantes, et il y a ici une société d'agriculture et des arts. Les *sauteries de Mâcon*, sont un monument du fanatisme religieux. Population suiv. l'A. J. 10,807. A 4 lieues Nord-Ouest de *Mâcon* est la petite ville de *Cluny*, fameuse par la ci-devant abbaye de ce nom. Ce n'était pas une abbaye, c'était une petite ville. A présent elle est toute en ruines.

14. Population suiv. l'A. J. 6,984. Jolie ville, chef-lieu du département de l'Ain. Ses tanneries ont de la réputation; on y fabrique des dentelles grossières, des chapeaux, de gros draps de toiles, dites de Mayenne, Les environs de *Chailly* dans le voisinage sont délicieux. L'église de *Brou* bâtie aux portes de *Bourg* est remarquable par son architecture, par la sculpture de son choeur, et par trois mausolées, supposé que tout cela existe encore. Fort près de *Bourg* est le ci-devant monastère des Augustins, où les connaisseurs d'Ain admiraient une magnifique église, de belles statues, et des mausolées remarquables. *Bourg* était la patrie de *de la Lande*. On vient d'y placer son buste. Les villages de *Boz* et *Arbigny* près de *Bourg*, sont habités par des restes de peuplades *sarrasines*, dont les usages, le caractère, les moeurs diffèrent essentiellement de leurs voisins. De *Point d'Ain à Lyon*: Bublanne 1½ p. Meximieux 1½. Montluel 1¾. Mirebel 1½. Lyon 1½.

15. Village situé au pied des montagnes, dans une gorge, où passe le chemin qui, de là, s'élève et tourne sur le mont *Cerdon* dans lequel il est taillé. La route est bordée d'un côté, par un vallon à quelques centaines de pieds de profondeur; de l'autre, par un mur de rochers, élevés à pic à une hauteur prodigieuse. Des ruines de châteaux s'élèvent tristement au sommet de quelques-unes des montagnes.

16. *Nantua* n'a qu'une seule rue, mais dans cette rue réside l'industrie la plus active, et on y trouve l'abrégé des manufactures et des fabriques, qui, éparses sur la surface de la France font une partie de ses richesses.

Les truites du lac disputent le rang à celles de *Genève*. Dans la montagne de *St. Claude* et dans ses carrières on voit de ces globules, nommés *dragées de pierre*. *Nantua* possède des eaux minérales, et on y trouve des mines d'asphalte.

17. Chemin romantique; beau lac abondant en truites.

18. Des broussailles et des buissons couvrent les rochers du mont *Crédo*, la racine du *Jura*. La *Perte du Rhône*, près de *Coupy*, est à quelques pas du chemin: on y descend par des sentiers assez rapides. C'est un amas de rochers entassés au milieu du fleuve, et sous lequel il s'engouffre et disparaît avec un fracas prodigieux. Il demeure caché dans une distance d'environ 300 pas, et resort avec une impétuosité pareille à celle de sa chûte. Lors des crues d'eau, le fleuve couvre ces roches et tombe parmi elles avec tournoyement et fureur, mais le phénomène de sa perte n'a plus lieu.

19. *Fort d'Ecluse*, plaqué sur le flanc d'une montagne escarpée du *Jura*, est baigné par le Rhône, qui le sépare du département du Léman et de celui du Montblanc. Ce passage *de la Cluse* était jadis une clé de la France.

20. Route agréable. On laisse *Ferney* sur la gauche.

21. V. Tableau des villes.

15. *Route de Paris à Grenable.*

Postes de France.	*Noms.*	*Postes de France.*	*Noms.*
58½	1. Lyon.	1½	Ecloses.
1	Bron.	2	La Frette.
1	St. Laurent-des-Murs.	1½	Rives.
		1½	Voreppe.
1½	Verpilliere.		
1½	Bourgoin.	2	2. Grenoble.
		72	

Observations locales.

1. Voyez, route de Paris à Lyon. A l'entrée de *Lyon*, il est dû une demi-poste au-delà de la fixation ci-dessus, et de même à la sortie.

2. Po-

2. Population suiv. l'A. J. 20,654. ☐ les cœurs constans: l'humanité: la parfaite union. *Bonne auberge.* A l'hôtel des ambassadeurs. On y remarque l'hôpital général, édifice d'un bon genre; l'église principale, morceau gothique où se trouve à présent le maître-autel de la *grande Chartreuse*; l'arsenal, qui ressemble à une petite citadelle. Dans une des promenades, qui sont belles, on voit un Hercule en bronze, tiré du magnifique château qui appartenait autrefois au connétable de *Lesdiguières.* Il y a ici un lycée, un musée des arts, qui renferme un sarcophage antique d'une grande beauté, un cabinet d'hist. naturelle, et 400 tableaux de différens maitres; et un jardin botanique bien entretenu. Le sallon où s'assemble la société des sciences et des arts, est orné des bustes de 9 hommes illustrés, qui reconnaissent cette ville pour leur patrie. On fait à *Grenoble* du ratafia qui a de la réputation, une assez grande quantité de draps, et des gants, que les étrangers préfèrent, pour la finesse et la légèreté, à ceux d'Espagne et d'Italie. La ci-devant *grande Chartreuse*, n'est éloignée de *Grenoble* que de 5 lieues. Quoiqu'elle soit totalement délaissée, et que tout y atteste les horreurs du vandalisme révolutionnaire, le voyageur fera bien de s'y rendre, la belle description à la main, que M. de *Matthison* vient de publier de ce voyage dans ses *Erinnerungen.* On ne saurait contempler, sans la plus vive sensation, ce vaste et admirable édifice, construit au centre d'une solitude romanesque, et horriblement belle. Les 7 merveilles des *environs de Grenoble*, sont: 1. la tour-sans-venin. 2. La fontaine-ardente. 3. La montagne inaccessible. 4. Les cuves-de-Sassenage, bourg renommé par ses fromages. 5. Les pierres ophthalmiques de Sassenage, c'est-à-dire, des cailloux de la grosseur d'une lentille, qui ont la vertu réelle d'attirer les ordures, qui peuvent être entrées dans les yeux. 6. La manne de Briançon. 7. La grotte de N. D. de la Balme. Ces curiosités naturelles ne méritent gueres l'épithète qu'on leur donne. V. *Antiquités de Grenoble, ou hist. ancienne de cette ville, par M. Champollion-Figeac. Grenoble.*

16. *Route de Grenoble à Chambéry et à Genève.*

Postes de France.	*Noms.*	*Postes de France.*	*Noms.*
$2^1/_2$	Lumbin.	2	1. Chambéry.
$2^1/_2$	Chapareillan.		
		7	

Observations locales.

1. On peut aussi prendre le chemin des *Echelles*, qui doit être considéré, comme l'ouvrage le plus hardi. *Charles-Emanuel II.* y fit élever un monument, dont le vandalisme de 1793, a mutilé la plus belle partie ainsi que l'inscription, qui cependant a été restituée depuis. V. No. 30.

2. V. les détails au No 30. Population de Chambéry, suiv. l'A. J. 10,800. ☐ Les Amis réunis: la triple Union. De *Chambéry* à *Genève* $11^3/_4$ p. par *Rumilly* et $10^3/_4$ p. par *Annecy*. La première poste est *Aix*, où les bâtimens des bains offrent de précieux vestiges des travaux des Romains. On y voit un ancien arc sépulcral, et l'on admire la construction d'une grosse tour, qui répôse sur les débris d'un temple de *Vénus*. *Aix* a une situation charmante et pittoresque. ☐ L'Intimité. La mairie d'*Annecy*, possède un tableau de *Corrège* d'un grand mérite.

17. *Route de Paris à La Rochelle, par Chartres, Tours et Poitiers.*

Postes de France.	*Noms.*	*Postes de France.*	*Noms.*
$2^1/_4$	1. Versailles.	$1^1/_2$	Vendôme.
2	Connières.	$1^3/_4$	Neuve St. Amand.
$1^3/_4$	2. Rambouillet.	$1^3/_4$	Château-Renaud.
$1^1/_2$	Epernon.	2	Monnaie.
1	Maintenon.	2	4. Tours.
$2^1/_4$	3. Chartres	$1^1/_2$	5 a. Carrés.
2	La Bourdinière.	1	Montbazon.
2	Bonneval.	1	Sorigny.
2	Châteaudun.	2	Ste. Maure.
$1^1/_2$	Cloye.	2	6 b. Ormes.
2	Pezou.	$1^1/_2$	Ingrande.

Postes de France.	Noms.	Postes de France.	Noms.
1	6 a. Chatellerault.	2	St. Maxent.
1	Barres - de - Nintré.	1	Villedieu.
1	La Tricherie.	1½	Niort.
1	Clan.	1½	Fontenay.
2	6 b. Poitiers.	1½	Mauzé.
1	Croutelle.	1	Laigne.
2½	Lusignan.	1¾	Nouaillé.
3½	Villedieu du Perron.	1½	Dompierre.
		1	7. La Rochelle.
		61½	

Observations locales.

1. V. le tableau des villes.

2. Il y a un château considérable. François I. l'a habité et y mourût en 1547. On y conserva son épée, son casque, et sa cotte d'armes. C'est à présent une caserne, et le siège d'un établissement rural, qui deviendra le berceau d'une belle race de moutons. Rien de plus magnifique que le Parc, où il y a un asyle vraiment enchanteur, le *temple d'Io*. Population 2,580.

3. Population suiv. l'A. J. 13,704. ◻ la franchise. L'*église* principale *est magnifique*, la hardiesse et l'élévation de ses clochers, étonnent le voyageur: *clocher de Chartres*, *nef d'Amiens*, *choeur de Beauvais*, *portail de Rheims*, sont passés en proverbe; un beau morceau de sculpture de *Bridaut*, l'assomption de la sainte vierge, décore le maître-autel. Le fini du travail des arabesques sculptés sur les piliers, les rend infiniment précieuses. Un groupe magnifique de marbre blanc, est un chef-d'oeuvre du célèbre *Coustou*. Le maréchal de *Vauban* mettait la construction hardie du choeur de St. André, au nombre des merveilles de la France; on voit la rivière couler sous la voûte qui le soutient. Les corps se conservent dans le caveau, construit dans l'épaisseur de cette voûte. La promenade qui se présente sur la route de Paris, est superbe. Les maisons de *Chartres* sont singulières à cause de la multitude des croisées. Les serges communes que l'on tire de *Chartres*, se fabriquent dans les villages des alentours. Dans le voisinage de *Chartres*, sont situés *Anet* et *Maintenon*, lieux célèbres par Diane de *Poitiers*

et Madame de *Maintenon*. *L'aqueduc de Maintenon*, est superbe, mais pas achevé.

4. Population suiv. l'A. J. 20,240. ☐ les Amis réunis: la parfaite union. Le mail est le plus beau cours qu'il y ait en Europe. Il a 1,330 toises de longueur, et une terrasse, d'où l'on découvre une plaine riante et fertile, bornée par un côteau charmant. La cathédrale est un des plus beau monumens gothiques, surtout les tours. On a bâti un pont à *Tours* qui a 1335 pieds de longueur, sur 42 de large, et à la suite de ce pont, une rue de 400 toises de longueur. L'église de *St. Martin*, mérite d'être vue. Les vins rouges de *Tours*, sont très-estimés. A une petite demi-lieue de *Tours* il faut remarquer dans les pans d'un roc, les habitations excavées d'un peuple troglodyte de vignerons et de jardiniers. Dans le *château d'Amboise*, l'escalier d'une tour, qu'on a monté plusieurs fois en voiture. Non loin d'*Amboise*, le château le *Chanteloup*, remarquable par son magnificence et son luxe, avant le Vandalisme révolutionnaire. Dans un des faubourgs est la ci-devant abbaye de *Marmoutier*, édifice immense, d'une architecture imposante mais bizarre. Cinq terrasses, dont la plus élevée est de niveau avec le clocher, offrent en perspective l'horizon le plus étendu. Il y a à *Tours* une bibliothèque superbe, et un musée de peinture et d'hist. nat. A la bibliothèque on remarque deux manuscrits, un Pentateuque de 1000 ans, et les Evangiles, de 1200 ans d'ancienneté.

5. a) Tout ce pays arrôsé par la *Loire et le Cher*, est agréable et fertile, surtout, en fruits excellens.

5. b) A *Ormes* le parc d'*Argenson*: une haute colonne servant d'observatoire, s'élève au-dessus des toits du château. L'obélisque, érigé sur la grande route, a été renversé.

6. a) A *Chatellerault* les fabriques de coutellerie. Le voyageur s'y voit assiégé par une foule de vendeuses de ciseaux et de couteaux, qui quelquefois se mettent déjà en embuscade sur le grand chemin.

6. b) Population, suiv l'A. J. 18,223. ☐ la vraie Harmonie. Il y a de grands jardins dans l'enceinte de

cette ville, et une promenade publique, appelée *Blossoi*, du nom de son planteur et qui ferait honneur aux plus belles villes. On y voit des antiquités du tems des Romains, un reste d'amphithéâtre, dont les vastes ruines, les aqueducs, l'arène, sont connues chez le peuple sous le nom de *Merlusines*; et un arc de triomphe, qui sert de porte. C'est une ville ancienne et d'un aspect gothique; des masses grandes et pittoresques de rochers l'environnent. Non loin de *Poitiers*, sur le grand chemin d'*Angoulême*, on remarque une pierre d'une grandeur énorme, connue sous le nom de *pierre levée*, et que l'on croit avoir été un autel érigé à *Mercure*. Dans la petite ville de *Montmorillon*, on trouve les restes d'un *temple des Druides*, gravé dans les antiquités de *Montfaucon*. Il y a à *Poitiers* de bonnes papéteries. Une branche singulière de commerce, sont les vipères, que l'on prend en quantité dans les fentes des rochers. L'université a été remplacée par une école centrale.

7. La route par *Tours* et *Orléans*, est de 61 p. et celle par Vendôme, Tours, Poitiers, Niort et Saintes, de 69 p. et demie. On découvre à *la Rochelle* d'un seul point de vue, les îles d'*Oléron*, de *Rhé*, d'*Aix*, de *Brouages* et *Marennes*. On voit les restes de la fameuse *digue*, dirigée par le cardinal de *Richelieu*. Elle était de 747 toises. Quand la mer se retire, elle est assez visible. Cet ouvrage, sa durée, son étendue et sa force, semblent presque supérieurs au pouvoir humain. La prise *de la Rochelle* coûta plus de 30 millions. Le mail est avantageusement situé. Les habitans *de l'Ile-de-Rhé* à 3 lieues de *la Rochelle*, réussissent à faire une liqueur très-agréable, nommée *anisette*. Du haut de la tour de la Baleine, on découvre 8 à 10 lieues à la ronde. Un assemblage de reverbères, sous un dôme tout en verre, forme pendant la nuit, un globe de feu, pour servir de phare. Population suiv. l'A. J. 17,512. ☐ L'Union parfaite.

18. *Route de Paris à Liège, par Rheims et Sedan.*

Postes de France.	Noms.	Postes de France.	Noms.
12 1/2	1. Soissons.	2 1/2	3. Mézières.
2	Braine.	2 3/4	4. Sedan.
1 1/2	Fismes.	1 1/2	Bouillon.
1 1/4	Jonchery.	1 1/2	Palizeul.
2	2. Rheims.	2 3/4	Telin.
2	Isle.	2 1/2	Marche.
2 1/2	Rhétel.	2 1/2	Bonsoin.
1 1/2	Vauxelles.	2 1/4	Fraineux.
1 1/2	Launoy.	3	5. *Liège.*
		48	

Observations locales.

1. Voyez No. 9.

2. Population suivant l'A. J. 30,225. ☐ la Sincérité: la triple Union. L'église principale est un édifice gothique de la plus grande beauté. Le portail surtout est célèbre. La *rose en vitrage* que l'on voit audessus des trois portes colossales d'entrée, est un ouvrage admirable par l'extrême delicatesse de sa découpure. Dans l'église de St. Nicolas il y avait un arc-boutant qui s'ébranla d'une manière sensible au mouvement de la plus petite des 4 cloches, et demeurait immobile quand on sonnait les autres. M. *Pluche* avait expliqué ce phénomène dans son *spectacle de la nature*. Mais tout cela n'existe plus; le vandalisme révolutionnaire a détruit cette église, l'un des plus beaux monumens de la France. On n'en jouit plus que par les gravures. *La Ste. Ampoule* qui servait à sacrer le rois de France, a été cassée publiquement par le nommé *Rühl*, jacobin enragé et qui a fini sa carrière par un suicide. — On trouve à *Rheims* des monumens Romains, un arc de triomphe, l'arcade dite de Romulus, avec des bas-reliefs etc. La grande place est belle. Il y a à *Rheims* des manufactures de flanelle et d'autres étoffes de laine. Les toiles, et surtout les chandelles, tiennent un rang considérable dans le commerce de cette ville. On y fait des pains d'épices renommés. *Rheims* jouit d'une promenade superbe, que l'on appele le *cours*. C'était là que les rois guérissaient les écrouelles. *Rheims* est

la patrie de *Colbert*, et de *Pluche*. A *Courtagnon* et à *Méri* dans le voisinage de *Rheims*, on découvre une quantité prodigieuse de coquilles fossiles.

3. *Mézières:* chef-lieu du département des Ardennes. Population suiv. l'A. J. 3,310. C'est une école du corps du génie. La généreuse bravoure de *Bayard* a répandu son éclat sur *Mézières*. Les champs de bataille de *Rocroy* sont dans le voisinage de cette ville.

4. Beau pont sur la *Meuse*. On trouve à *Sédan* un arsenal bien fourni, où l'on conserve les armes de plusieurs chevaliers, qui se sont distingués, et une fonderie de canons. Les draps noirs de *Sédan* connus sous le nom de *Pagnon* et de *Rousseau*, sont d'une qualité supérieure. Cette ville fait aussi un commerce en boutons et acieries, platineries, boucles et faïenceries. Les *forces* à tondre les draps sont encore les plus renommées et les plus recherchées, à cause de la bonté de leur trempe, et de la façon dont elles sont montées. Le grand *Turenne* est né dans le château de cette ville. Population suivant l'A. J. 10,634. La ci-devant chartreuse près de *Sédan* était magnifique.

5. V. tableau des villes.

16. *Route de Paris à L'Orient, par Rennes.*

Postes de France.	*Noms.*	*Postes de France.*	*Noms.*
$42\frac{1}{2}$	1. Rennes.	$2\frac{1}{4}$	2. Vannes.
2	Mordelles.	2	3. Auray.
$2\frac{1}{2}$	Plélan.	2	Landévant.
3	Ploërmel.	$1\frac{1}{2}$	Hennebon.
1	Roc St. André.	$1\frac{1}{2}$	4. L'Orient.
2	Pont-Guillemet.		
		$62\frac{1}{4}$	

Observations locales.

1. Voyez No. 8.

2. ☐ La philanthropie. *Vannes* a un joli mail. On y fait trafic de sardines et de congres. Auprès de *Vannes* sont les célèbres *pierres debout de Carnac*, monu-

mens celtiques très-remarquables, rangées sur cinq lignes, au nombre de plus de quatre milles.

3. Près d'*Auraiy* était une chartreuse très-belle.

4. Population suiv. l'A. J. 19,922. C'est une des plus jolies villes de la France. Ses quais sont beaux, ses comestibles excellens.

20. *Route de Paris à Lyon, par Fontainebleau, Auxerre, Dijon et Macon.*

Postes de France.	*Noms.*	*Postes de France.*	*Noms.*
$53^1/_2$	1. Macon.	$1^1/_2$	2. Anse.
2	Maison blanche.	$1^1/_2$	Limonet.
2	Tournelles - de - Flandres.	$1^1/_2$	3. Lyon.
		62	

Observations locales.

1. Voyez N. 14.

2. De *Villefranche* au *Puitsd'or*, de l'autre côté de la *Saone*, est une vue charmante, où l'on rémarque, entre autre objets, la ville de *Trevoux*, agréablement située sur les bords de la rivière. L'embranchement des trois routes qu'Agrippa avait fait ouvrir dans les Gaules, et dont le tronc aboutissait à *Lyon*, fut l'origine de *Trévoux*.

3. L'on paye une demi-poste au-delà de la fixation, à l'entrée et à la sortie de *Lyon*. Je conseillerais aux voyageurs, de préférer toujours cette route de la ci-devant Bourgogne, quoique ce soit la plus longue. Elle les dédommagera amplement. J'en parle par expérience.

21. *Route de Paris à Lyon, par Nevers et Moulins.*

Postes de France.	*Noms.*	*Postes de France.*	*Noms.*
$7^1/_4$	1. *Fontainebleau.*	1	Nogent-sur-Vernisson.
2	2. Nemours.		
$1^1/_2$	la Croisiere.	$1^1/_2$	Bussière.
1	Fontenay.	$1^1/_2$	4. Briare.
1	Puy-la-Lande.	2	Neuvy.
1	3. Montargis.	$1^3/_4$	5. Cosne.
1	la Commodité.	$1^3/_4$	Pouilly.

Postes de France.	Noms.	Postes de France.	Noms.
1½	la Charité.	1¼	Droiturier.
1½	6. Pougues.	1	11. St. Martin.
1½	7. Nevers.	1½	la Pacaudière.
1½	Magny.	1½	St. Germain l'Espinasse.
1½	St. Pierre le Moutier.	1½	12. Roanne.
1	St. Imbert.	1½	l'Hôpital.
1¼	Villeneuve.	1	St. Simphorien.
1½	8. Moulins.	1½	Pain-Bouchain.
2	Bessay.	1½	13. Tarare.
2	9. Varennes.	1½	Arnas.
1½	St. Gérand.	2	Salvagny.
1¼	10. la Palice.	1½	14. Lyon.
		59½	

Observations locales.

1. V. N. 14. (C'est la route du Bourbonnais; un chemin ferré, fort doux, et fort uni. L'on va plus vite sur cette route que sur l'autre.)

2. Population suiv. l'A. J. 3,760. Cette petite ville est bien placée et bien bâtie. En sortant par la porte du nord, on trouve le canal du *Loing*, et la principale promenade de la ville, appelée la *butte*, sur le bord de la rivière. L'ancien château est assez considérable. A une lieue de *Nemours*, sur le chemin de Paris, on passe près de la ci-devant commanderie de *Beauvais*, de l'ordre de Malte. Elle est fort ancienne, et a été fondée du tems des Templiers. Dans la chapelle on voit plusieurs tombes.

3. La forêt de *Montargis* forme une promenade très-agréable pour les habitans. Ils en ont une autre, appelée *le Pâtis*, où se tient une foire considérable. Les Romains ont habité cette ville, consumée par le feu en 1725, et la renommée parle d'eux sur les vestiges des monumens qu'ils y bâtirent. Une voie militaire s'appele encore le *chemin de César*. En 1728 on a découvert un portique, dont le pavé présente une mosaïque précieuse. On estime surtout le canard qui avale un poisson. La papéterie, la coutellerie, et la moutarde de *Montargis* sont estimées.

4. Cette petite ville est remarquable par le canal de communication de la *Loire* à la *Seine*, auquel elle donne son nom. Il y a une jolie promenade entre le

canal et la *Loire*. Le canal, entrepris par *Sully*, est le premier ouvrage de ce genre, que l'on ait tenté en France. *Briare* est riche en sites piquans et enchanteurs.

5. Sa coutellerie et ses gants sont estimés.

6. A *Pougues* il y a des eaux minérales ferrugineuses. De *Pougues* à la *Charité*, très-jolie vue de cette dernière ville.

7. Population, suivant l'A. J. 11,200. ☐ Adam Billaud, les amis à l'épreuve. *Nevers* est joliment située sur le bord de la *Loire*, qui y passe sous un beau pont. Le palais des anciens ducs de *Nevers*, est un modèle de beauté et de délicatesse dans l'architecture gothique. Le travail de manufactures de verre, et de tous ces petits bijoux de verrèterie, méritent d'être vus un moment. L'émail se travaille aussi fort joliment dans cette ville. Le choeur de l'église principale est élégamment décoré. On admire la fraîcheur et la vivacité du coloris des vitreaux. De *Nevers* à *Autun*, une nouvelle route doit passer par Châtillon et Château-Chinon, ou par Decize et Luzy.

8. Population suivant l'A. J. 13,500. A *Moulins*, commerce considérable de coutellerie d'un travail solide et fini. Le vaste et magnifique château est presque détruit. Il faut voir au couvent de Ste. Marie, s'il existe encore, le tombeau du fameux Duc de *Montmorency*, qui fut décapité sous le règne de Louis XIII. C'était un des plus beaux monumens de sculpture, qu'il y ait en France. Le cours de *Bercy* est une jolie promenade. Aux environs du village de *Bressol*, à une demi-lieue de la ville, on trouve beaucoup de bois pétrifié. De *Moulins* à *Clermont* 46 p. *Clermont* [☐ la Concorde] est une ville ancienne et grande, ornée de promenades et places superbes. Le devant du maître-autel de la cathédrale, est un sarcophage antique. On admire une source, dont l'eau est tellement pétrifiante, qu'elle a formé le long de sa course, une muraille de 15 à 20 pieds de hauteur, et de 140 pas de long. Les pâtés de pommes et d'abricots, et les fromages dites d'Auvergne, sont extrêmement renommées.

9. Vers le midi, on apperçoit dans les nues, dans un lointain de 12 à 15 lieues, le *Puy-de-Dôme*, et le *Mont d'or*, montagnes fameuses.

10. A *Palice* on voyait le tombeau du Maréchal de *Chabannes*, tué à la bataille de *Pavie*. Les basréliefs étaient d'un bon goût.

11. Nous voici sur des hauteurs très-dominantes: le pays est froid, humide; couvert de bois ça et là; de tems en tems vous découvrez des perspectives très-riantes, puis tout à coup de vastes vallées, des étangs ménagés dans le penchant des gorges, d'innombrables troupeaux, paissant et mugissant dans ces paturages.

12. De *Roanne* à *Lyon*; il y a plusieurs montagnes à passer, et on va toujours en montant et descendant. A *Roanne*, la Loire commence à porter bâteaux. Jusqu'au rétablissement du pont de Roanne on paye 1/2 poste de plus jusqu'au relais de l'Hôpital. Les vins de Perreux, sont très-estimés. A *Roanne*, le jardin botanique. Une nouvelle route passera par St. Etienne, Feurs et Roanne.

13. Des particuliers sont dans l'usage, de tenir des boeufs au bas de la montagne de *Tarare* pour aider à monter les voitures. Le nombre et le prix pour chaque paire de boeufs, est fixé par un tarif. Aux *Echelles*, l'on découvre ce superbe horizon, qui fuit jusqu'au *Pilat*, tourne vers les monts de Savoie, et n'est borné que par le *St. Bernard*.

14. Il y a 4 routes de Lyon à *Paris*. La plus courte passe par Melun, Auxerre et Autun 58½ poste. (V. sur la ville d'*Autun*: „Histoire de la ville d'Autun, par *Gaston Rosny*. 1 vol. in 4. A Autun 1802.“ □ la bienfaisance. On admire à *Autun* un temple de Janus, et les portes d'*Arroux* et de *St. André*, ouvrages des Romains; mais les vestiges de quelques temples et d'un amphithéâtre disparaissent totalement, parceque, depuis longtems, on les regarde comme une carrière. On découvre, en fouillant, dans les rues et les environs, quantité de marbres étrangers et précieux. Le choeur de la cathédrale est richement décoré. Les usines et les atteliers célèbres de *Creusot*, sont à quelques milles de la ville, en allant à *Châlons*. On passe près du château de *Monjeu*, et l'on traverse *Marmagne*, renommé parmi les amateurs de l'histoire naturelle. On loge à l'hôtel du Parc.

22. *Route de Paris à Marseille, par Lyon, Valence, Avignon et Aix.*

Postes de France.	Noms.	Postes de France.	Noms.
$58^1/_4$	1. Lyon.	2	5. Donzere.
1	St. Fons.	2	La Palud.
1	St. Simphorien.	$1^1/_2$	Mornas.
$1^1/_2$	2. Vienne.	$1^1/_2$	6 Orange.
2	Auberive.	1	7. Courtezon.
1	Péage de Roussillon.	1	Sorgues.
		$1^1/_2$	8. a. *Avignon.*
$1^1/_2$	St. Rambert.		
$1^1/_2$	St. Vallier.	$2^1/_2$	St. Andiol.
$1^3/_4$	3. Tain.	1	8 b. Orgon.
$1^1/_2$	4. Valence.	2	Pont-national.
$1^1/_2$	Paillasse.	2	St. Caunat.
$1^1/_2$	Loriol.	2	9. *Aix.*
$1^1/_2$	Derbierres.	2	10. Pin.
$1^1/_2$	Montélimart.	2	11. *Marseille.*
		$102^3/_4$	

Observations locales.

1. Voyez No. 21. et Note 14. De *Lyon* à *Vienne*. on a une très-belle vue des Alpes. [Sur le voyage par eau à *Avignon*; V. à l'article de *Lyon*. Les rives de chaque côté, sont bordées de rochers, de vignes et de châteaux; mais la rapidité du *Rhône* effraye les personnes timides, et il faut un bâteau solide, et des bâteliers experts.]

2. Population suiv. l'A. J. 10,362. ☐ la concorde. On y voit un amphithéâtre, un arc de triomphe et un temple d'Auguste, où siège à présent le tribunal de commerce. Cette ville renferme de plus, nombre d'autres monumens, et principalement des mosaïques et des inscriptions curieuses. Il y a une école de dessin et un Musée, qui contient; avec le cabinet de M. *Schneider*, des objets intéressans. Entre *Vienne* et *Auberive*, mais de l'autre côté de la rivière, est situé le côteau, fameux par le vin de *côte-rôtie*. La montagne de *Tupain* donne le meilleur vin de ce nom. Les lames d'épée de *Vienne*, jouissaient jadis de la plus grande réputation. On trouve beaucoup d'atteliers à Vienne, mus par les roues et par l'eau. L'ancien évêché est le chef-lieu de la 7. cohorte de la légion d'honneur. Le monument que l'on voit entre le *Rhône* et le grand chemin, sur la route, ou l'*Aiguille*, est un tombeau Romain, et mérite l'attention des curieux, par sa forme et sa bâtisse.

3. Au pied de la montagne de l'*Hermitage*, d'où vient le vin de ce nom. Le vin blanc est supérieur au rouge. Un autel antique et curieux, se conserve à la maison commune.

4. Population suiv. l'A. J. 7,532. □ L'humanité : la sagesse. Auberge, chez M. Martin, très-bonne. Le pape *Pie VI.* vieillard dont les malheurs, la resignation et la fermeté feront les regrets et l'admiration de la postérité, y est mort. Cette ville a un territoire très-fertile. Une école d'artillerie y est établie et une société libre d'agriculture. Il faut voir le cabinet de feu M. *de Sucy*, chez les demoiselles ses soeurs. Belle vue du palais de la préfecture. En face de Valence est la côte de *St. Peray*, renommée chez les amateurs du bon vin. Les couriers qui, ayant été conduits au bas de *Pion-Secours*, par les postes de *Tain* et de *Valence*, ne pourront pas passer à cause du débordement de l'Izère, et se feront ramener, payent une poste et demie pour la poste. De *Valence*, une route conduit à *Grenoble*, en passant à *Romans*. Le pont de la *Drôme*, construit entre *Valence* et *Montélimart*, est remarquable par la grandeur de ses arches, et par sa hauteur. Le vin blanc de *Montélimart*, apelé *Clairette de Die*, mousse comme le Champagne.

Dans le département de la *Drôme*, à deux kilomètres à l'Est du *Rhône*, est situé *St. Paul*, l'ancienne *Augusta Tricastinorum*. Tout ce pays *Tricastin* est infiniment curieux, tant par ses monumens anciens et les antiquités qu'on y déterre, que par les productions naturelles, et les fossiles que renferme la montagne de *Ste. Juste*, surtout celui apelé *fungo-pseudo-dentalites*. — Quand on descend la colline près de *Donzere*, on commence d'appercevoir la plaine du *Comtat*. C'est de l'autre côté du Rhône, que croît le délicieux vin de *Perès*.

6. L'arc de triomphe de *Marius*, où passèrent en triomphateurs les conquérans des Gaules, fut dans le tems du terrorisme révolutionnaire métamorphosé en lieu de supplice. Il y a de plus les restes d'un cirque, ou plutôt d'un théâtre, le plus entier de tous ceux, qui ont été conservés. C'est à présent, en partie, une prison. Auberge, à la poste. Population suiv. l'A. J. 7,270.

7. On apperçoit de loin la haute montagne, le *Ventoux*.

8. a.) V. le tableau de villes; les *couriers qui, se faisant conduire d'Avignon à St.. Andiol*, ne pourront passer le bac de la *Durance*, à cause du débordement des eaux, et se feront ramener à *Avignon*, payeront cette course à raison de 2 postes. On construit à présent un pont, qui mettra les voyageurs à l'abri de ces obstacles. En allant d'*Avignon* à *Toulouse*, on passe par *Nismes* et *Montpellier*. *Nismes* n'est éloignée que de 5 postes, et il vaut bien la peine de voir cette ville, même si l'on ne prend pas la route de *Toulouse* ou de *Montpellier*. *Nismes*, grande ville de 39,594 âmes suivant l'A. J. [□. Le bienfait anonyme: la philanthropique: la *triple union éprouvée*.] *renferme* beaucoup de monumens antiques; l'amphithéâtre; la maison carrée; le temple de Diane. *Nismes* a de très-beaux édifices modernes, une académie sous le nom, *académie du Gard*, et un cabinet d'histoire naturelle et d'antiques. On y fabrique des burats, et des étoffes de soie. Les bas de soie au métier, ne sont nulle part à aussi bon compte. On trouve aux environs, sur une espèce de petit choux, une graine rougeâtre, nommée *vermillon*. (V. Topographie de la ville de Nismes, par *Vincens*. Nismes, XI. in 4°.) Le *pont du Gard*, ouvrage des Romains, est à 3 lieues de *Nismes*. *Tarascon* [□. La fidélité.) par où l'on passe, en allant d'*Aix* à *Nismes*, est une ville élégante et belle, pleine d'agrémens, entourée d'un grand nombre des moulins à huile, et célèbre par la beauté du sexe, qui ne le cède en rien à celui d'*Arles* dont la beauté est renommée partout. C'est une chose qui frappe le voyageur, que la beauté du sexe dans les villes qui sont sur les bords du *Rhône*, depuis *Lyon* jusqu'à *Arles*. L'air est bon à *Tarascon*, quoique distant d'*Arles* d'un myriamètre et demi seulement. L'insalubrité de l'air d'*Arles*, vient de l'étonnante quantité de terrain en marais salés et d'eau douce, et du voisinage des étangs de l'île, *la Camargue*. On voit à *la Camargue* des chevaux en troupeaux, connus *sous* le *nom de manade de rosses*: ils servent en troupeaux au battage des blés.

Arles est célèbre par le grand nombre de ses antiquités, p. e. l'obélisque, haut de 61 p. La tour Roland; le palais de la Trouille; la colonne Constantine; les *Aliscamps* ou champs Elysées. On y a établi un Musée très-riche en antiquités.

8. b). Le *canal des Alpines*, construit en 1783, a pris son nom de la petite chaîne des *Alpines*, qui commence à *Orgon*, et se termine près *Tarascon*.

9. V. le tableau de villes.

10. Les montagnes entre Aix et Marseille sont remplies de poissons pétrifiés. Environ une demi-lieue en avant de *Marseille*, on descend une hauteur, d'où l'on jouit de la vue la plus magnifique du côté du l'est et du nord-est. Les deux tiers de la circonférence de la ville sont bordés de hautes montagnes, et d'un grand nombre de petites collines. Ces collines sont si garnies de maisons de campagne, que, dans l'étendue de quelques milles, toute la contrée rassemble de loin à un faubourg immense, rempli de maisons et de jardins. Au milieu de ce magnifique canton, on voit la ville située, en partie sur le penchant des montagnes voisines, en partie dans les vallées ou à l'entour du port. Les hauts rochers qui sont à l'entrée du port, les forts qui y sont élevés, plusieurs îles élevées et occupées par des châteaux, situées hors du port et dans la baie, le jeu varié des eaux, et le grand nombre de grands et de petits vaisseaux qui entrent et qui sortent, donnent à ce grand et magnifique tableau une vivacité et une variété, qu'on ne saurait regarder sans admiration. Cette route est très-incommode à cause de la poussière de chaux, qui s'élève sur le chemin. Il passe tant de voitures sur ce pavé de pierre calcaire, que sa surface est moulue et réduite en poudre. Comme le vent ne peut y donner ni emporter la poussière, à cause de l'élévation des murailles qui environnent les jardins et les maisons de campagne, on marche dans un nuage continuel de cette poussière, dont toutes les maisons et les arbres sont si couverts, qu'ils paraissent aussi blancs que s'ils étaient dans un moulin.

11. V. le tableau de quelques villes etc.

23. *Route de Marseille à Montpellier.*

Postes de France.	Noms.	Postes de France.	Noms.
10	1. Orgon.	1 3/4	Uchaut.
2	2. St. Rémi.	1 3/4	Lunel.
2	3. Tarascon.	1 1/4	Colombières.
1 3/4	4. Curbussot.	1 3/4	6. Montpellier.
1 1/2	5. Nismes.		
		23 3/4	

Observations locales.

1. V. No. 22.

2. En allant de *St. Rémy à Tarascon*, et en payant un quart de poste de plus, on peut voir dans le voisinage, les beaux restes d'un ancien temple Romain.

3. V. No. 22.

4. Avant que d'atteindre *Curbussot* on passe par *Beaucaire*, au delà du *Rhône*. *Beaucaire* et *Tarascon* sont situés sur les deux rives de ce fleuve, et communiquent par un pont de bâteaux, que l'on ôte dans les mois de Janvier et Février, à cause des glaces qui couvrent la rivière, mais qui sont rarement assez fortes pour porter des voitures. Les voyageurs les traversent à pied, et les malles sont transportées à dos de mulets ou d'hommes. La fameuse foire de *Beaucaire* se tient le 22. Juillet et dure 3 jours. L'affluence est alors si grande, que beaucoup d'étrangers et de négocians avec leurs marchandises, campent le long du Rhône, sous des tentes. Il n'y a point de marchandises, quelques rares qu'elles soient, qu'on n'y puisse trouver. Le canal de *Beaucaire* à *Aigues-Mortes*, est terminé, et la navigation ouverte.

5. V. N. 22. Note 8. a. *Lunel* est une petite ville, connue par ses vins muscats, dont la bouteille se vend 60 sols sur les lieux; on recherche de même ses confitures sèches, ses raisins muscats secs, en petites caisses, et ses bas de soie.

6. V. tableau de villes.

24. *Route de Marseille à Toulon.*

Postes de France.	*Noms.*	*Postes de France.*	*Noms.*
2	Aubagne.	2	Beausset.
1 1/2	Cuges.	2	*Toulon.*
		7 1/2	

Observations locales.

En sortant des antres et des arides rocs de *Vaux d'Ollioules*, et en s'approchant de la ville d'*Ollioules*, on se croit transporté, comme par un coup de baguette magique, au milieu des Jardins des Hespérides. V. tableau de *Toulon*. Il est dû un quart-de-poste en sus de la distance, pour les sorties de Toulon.

25. *Route de Toulon à Nice, par Antibes.*

Postes de France.	*Noms.*	*Postes de France.*	*Noms.*
2	Solliers.	2	1. Fréjus.
$2^1/_2$	Pignan.	2	2. L'Estrelles.
2	Luc.	3	3. Cannes.
$1^1/_2$	Vidauban.	2	4. Antibes.
$1^1/_2$	Muy.	4	5. *Nice.*
		$22^1/_2$	

Observations locales.

1. Population 2,756 a. ☐ La parfaite égalité. Cette ville qui sous les Romains portait le Nom de *Forum Julii*, et qui n'offre que des rues désertes, conserve encore les restes de son ancienne splendeur. Entr'autres, un arc de la porte Romaine, bâtie par *Jules César*, et les débris d'un aqueduc d'un cirque, d'un temple antique etc. Ce fut à *Fréjus* que l'Empereur *Napoléon* débarqua à son rétour d'Egypte. On trouve dans ses environs des améthystes, du jaspe, des cristaux etc. C'est surtout au mois d'Août, que l'air de *Fréjus* est chargé de miasmes pestilentiels.

2. A l'auberge de l'*Estrelle*, il y a un poste militaire, pour escorter les couriers et les voyageurs, moyennant une contribution convenue.

3. *Cannes* est encore plus insalubre que *Fréjus*. De *Cannes* à *Ste. Marguerite*, le trajet est très-court. L'histoire de l'homme au masque de fer, dont on montre encore la prison, a donné de la célébrité au *château de Ste. Marguerite*.

4. Du bastion du couchant à *Antibes* l'on a une très-jolie vue sur la ville, sur la mer etc. Le port en arcades est charmant. On voit les restes d'un théâtre Romain, d'un aqueduc, des inscriptions etc. Les jardins sont remplis d'orangers et des charmantes promenades longent la côte. Auberge, chez Mr. *Balice*. D'*Antibes* à *Nice*, grande plaine près de la mer, où l'on trouve des haies de grenadiers, de myrtes et d'aloës. Entre *Antibes* et *Nice* on passe le Var, ou sur un pont de bois fort long et vacillant, ou à gué. Il est quelquefois si rapide, qu'il faut avoir des hommes à pied, pour soûtenir la chaise contre le courant du fleuve, de crainte qu'elle ne soit renversée. Le gouvernement vient de

créer une nouvelle route. Le blé est en épi avant la fin d'Avril, les cerises sont presque mûres dans le même tems, et les figues commencent à noircir: Population suivant l'A. J. 5,270. □ La Constance. *Grasse*, jolie ville à 5 lieues d'*Antibes* est célèbre par ses savonnettes et ses parfums, dont le commerce embaume les deux mondes, et par toutes sortes de jolies bagatelles en bergamottes, et en écorce de citrons et d'oranges.

5. Voyez le tableau de villes.

26. *Route de Paris à Metz, par Meaux et Verdun.*

Postes de France.	*Noms.*	*Postes de France.*	*Noms.*
1 1/2	1. Bondy.	2	Pont - de - Sommevel.
2	2. Clayes.	2	Orbeval.
2	3. Meaux.	1	Ste. Ménéhould.
1 1/2	S. Jean.	2	Clermont - en - Argonne.
1	4. La Ferté - sous - Jouarre.	1 1/4	Domballe.
2	Ferme de Paris.	2	8. Verdun.
1 1/2	5. Château-Thierry.	2	Manheule.
1	Paroy.	1	Harville.
1 1/2	Dormans.	1 1/2	Mars - la - Tour.
1	Port-à-Binson.	1 1/4	Gravelotte.
2	6. Epernay.	2 1/4	9. Metz.
2	Jalons.		
2	7. Chalons - sur Marne.		
		39 1/4	

Observations locales.

1. *Bondy* a donné son nom à la forêt près de laquelle ce village se trouve, et qui renferme 1,178 arpens.

2. On traverse de *Paris* à *Meaux* la plaine, fameuse par la retraite des Suisses, sous les ordres de *Pfyffer* en 1567, qui se frayèrent un chemin à travers les ennemis, et escortèrent *Charles IX*, *Cathérine de Medicis* et son troupeau, ou les belles femmes de sa cour brillante, en toute sûreté à Paris.

3. Population suiv. l'A. J. 6,648. □. Les coeurs fidèles. Cette ville est située dans une fort belle plaine, sur la *Marne*. On a planté une promenade assez bien entendue, sur les bords de cette rivière. Le choeur de l'église ci-devant cathédrale, mérite l'attention des connaisseurs par son architecture, qui est généralemen

estimée. La belle place, qu'on nomme *le marché*, est une presqu'île. On remarque aussi la fontaine publique de *Provins*. Il se fait à *Meaux* d'excellens fromages sous le nom de *fromages de Brie*, connus de toute l'Europe par leur délicatesse. A *Meaux*, une belle halle; un musée; et une société d'agriculture.

4. Petite ville qui a un hôtel-Dieu et de fort belles promenades. Auberge; à la ville de Metz.

5. C'est la patrie de *Lafontaine*. Il y a de jolies promenades le long du fleuve, couvert de barques. Auberge, à la Sirène. A une lieue de la ville le parc et le joli château du Comte *de Bueil*.

6. Son territoire n'est fertile qu'en vins délicieux de Champagne: ils sont les plus renommés du département. Ce sont les vins d'*Aï*, d'*Hauvilliers*, de *Pierry* etc. Les caves et les dépôts de vins de champagne, de M. *Mouit*, renferment plusieurs centaines de mille de bouteilles, et sont une chose unique. Il y a à *Epernay* une fabrique de poterie à l'épreuve du feu.

7. Population suiv. l'A. J. 11,120. ☐ St. Louis de Bienfaisance. Chef-lieu du département de la Marne. La maison commune, et les flèches et le jubé de l'église principale, méritent d'être vus. Ce qui flatte vraiment l'oeil de l'étranger, c'est *le Jard*, la plus belle promenade peut-être que possède la France. Il y a dans cette ville des fabriques de petites étoffes de laine et des tanneries. On y fait un commerce assez languissant de lins et chanvres écrus. Les plaines voisines sont le champ de bataille de la défaite d'Attila, par les Romains et les Francs. En 1792 les patrouilles de l'armée Prussienne et alliée étaient à ses portes. Près de *St. Ménéhould* le champ de la canonade de *Valmy*, et dans son canton, une excellente manufacture de faïence.

8. Population suiv. l'A. J. 9,136. ☐ La franche Amitié. Ses fortifications sont de *Vauban*. Elle fut prise par l'armée Prusienne en 1792. Les îles que forme la *Meuse*, rendent ses dehors charmans. *Chevert*, ce grand Général, nâquit à *Verdun*. En 1755 le tonnerre fit à *Verdun* des ravages peu communs; la foudre consuma une cloche du poids de 28,000 livres. Les anis, les confitures sèches, et surtout les dragées qu'on y fait, jouissent de la plus grande réputation au dedans et au dehors de la France. On trouve dans les vignes de *Verdun*, du côté de *Clermont*, un marbre lumachelle, appelé *mar-*

bre des Argonnes; on en taille des tables, des plaques etc. d'un assez beau poli. Non loin de *Verdun*, est *Varennes*, célèbre par la catastrophe de Louis XVI. dans sa fuite.

9. Population suivant l'A. J. 32,099. □. L'école de la sagesse: St. Louis du triple Accord. Auberge, à l'hôtel de France. Cette ville est fameuse dans l'histoire par le siège de 1552, où la fortune de *Charles-Quint* échoua et celle de *Guise* commença. Les fortifications ont été rasées. Les casernes sont magnifiques. L'église principale est belle, et une baignoire antique de porphyre, y sert de fonts baptismaux. On remarque encore dans cette ville la place *Coislin*, et l'école d'artillerie. L'hydromel et les confitures de mirabelles et de framboises blanches, qu'on fait dans cette ville, sont très-estimées. Il y a des verreries considérables dans les environs. *Frascati*, maison de plaisance des anciens évêques est très-jolie.

27. *Route de Paris à Perpignan.*

Postes de France.	*Noms.*	*Postes de France.*	*Noms.*
47 3/4	1. Limoges.	1 1/2	St Jorry.
2 3/4	Pierre-Buffière.	2 1/4	6. Toulouse.
1 1/2	Magnac.	1 1/2	Castenet.
1 1/2	Masseré.	1 1/2	Bassiège.
2	2 a. Uzerches.	1 1/2	7. Villefranche.
1 1/2	Bariolet.	2 1/2	8. Castelnaudary.
2	Donzenat.	1 1/2	Ville Pihte.
1 1/2	2 b. Brives.	1	Alzonne.
2 1/2	Cressensac.	2	9. Carcassonne.
2	3. Souillac.	2	Barbeyrac.
2 1/2	Peyrac.	1 1/2	10. Moux.
2 3/4	Pont-de-Rodez.	2	Cruscades.
2 1/2	Places.	2	11. Narbonne.
2 1/4	4. Cahors.	2 1/2	Sijean.
3	Madelaine.	2	Fitou.
2	Caussade.	1	Salces.
2 3/4	5. Montauban.	2	12. Perpignan.
2 1/2	Grisolles.		
		115 3/4	

Observations locales.

1. Voyez No. 7. Un embranchement de route part d'*Uzerche* pour le service du *Cartal*: en passant par *Tulle*. *A Tulle* la manufacture nationale d'armes à

feu; on y fait surtout des pistolets très-beaux et très-sûrs. On fabrique à *Tulle* des ras. L'habitude de faire cette sorte de dentelles, que les modistes de Paris appelent *du Tulle*, est à-peu-près perdue dans le lieu où elle paraît avoir pris naissance. Il n'y a plus que quelques religieuses, qui en conservent la tradition.

2. Petite ville dans un vallon riant, qui l'a fait surnommer *la gaillarde*; l'hôpital et le ci-devant collège sont des édifices modernes, d'un bon goût. *Brives* a des fabriques de coton. C'est la patrie du fameux cardinal *Dubois*. Les foires de *Brives*, dites *foires-grasses*, se tiennent au mois de mars. Le rocher volcanique de *Polignac* est intéressant à voir, et le champ de *Tintiniac* offre beaucoup de restes d'antiquités.

3. Le maître de poste de *Souillac* est autorisé à faire atteler une paire de boeufs, sur toutes les voitures à 4 roues qu'il conduit, soit à *Peyrac*, soit à *Cressensac*, laquelle lui sera payée 3 francs, compris le pour-boire du bouvier.

4. Population suivant l'A. J. 11,228. ☐. La parfaite Union. Dans l'un des faubourgs, on voit les restes d'un amphithéâtre Romain. La cathédrale est regardée comme un ancien temple payen. Cette ville a des fabriques de drap fin et de ratines. *Cahors* fournit aussi d'excellens vins rouges, des truffes etc.

5. Population suivant l'A. J. 21,950. ☐. La parfaite Union. Cette belle ville, a une place bien régulière, environnée d'un double rang d'arcades; et une fort belle église principale. On y trouve des fabriques de cadis et des manufactures de plusieurs petites étoffes de soie, et de bas de soie d'assez bonne qualité. La situation de *Montauban* domine une des plus belles plaines de la France. On a découvert près de *Moissac* une fontaine antique fort curieuse.

6. Population, suivant l'A. J. 50,171. ☐. Au nombre de neuf, dont les quatre suivans forment la loge provinciale, savoir l'Encyclopédique; St. Joseph des arts; la Sagesse; les Coeurs réunis. On y remarque surtout la façade de l'hôtel de ville, appelé *le Capitole* et qui passe pour le plus magnifique de la France et pour un superbe morceau d'architecture: on y voit quelques bons tableaux de *Coypel*, *Jouvenet etc.* et la statue de *Cle-*

mence Isaure, fondatrice de la maison et des *jeux floraux*. Le pont est un des plus beaux de l'Europe. De ce pont, on voit les *Pyrenées*, et les *Cévennes*. Dans un caveau de la ci-devant église des Cordeliers, l'on voit des corps morts desséchés, et rangés autour du mûr; spectacle hideux. *Toulouse* est un vaste labyrinthe de rues étroites et tortueuses. Le palais de l'archévêque est magnifique. Peu de villes ont des promenades aussi étendues et aussi agréables que *Toulouse*. Il y a des manufactures pour les draps fins, d'étoffes de soie, de gazés, d'indiennes, de couvertures en laine et en coton etc. Le produit annuel du moulin de *Basacle* est de 40,000 écus. A 1000 toises de la ville le *canal de Languedoc* se réunit à la Garonne. Le canal s'étend dans l'espace d'environ 60 lieues, c'est à dire, depuis le *port de Cette*. Ce *canal du Midi* ou de *Languedoc*, exécuté sous *Louis XIV*. par *Riquet*, sur le plan et les mémoires d'*Andréossy*, fut commencé en 1666, et achevé en 1680. Il a coûté 14 millions de livres, ce qui équivaut aujourd'hui presqu'au double. Ce canal a 62 écluses; il est traversé par 72 ponts, il passe lui-même sur 56 aquéducs ou ponts, pour donner passage à autant de rivières qui coulent au-dessous du canal.

7. *Crousac*, à 4 lieues de cette ville, est un village renommé par ses eaux minérales, et pour le goût délicieux de la chair de ses moutons.

8. ☐. Les Amis réunis de l'Encyclopédique; les enfans de l'Union triomphante. La ville est située sur le *canal de Languedoc*, qui forme ici un bassin de 600 toises environ, dans son pourtour. La maison commune a quelques belles salles et une vue des plus agréables.

9. Population suiv. l'A. J. 15,219. ☐. Les commandeurs du Temple; la Persévérance. *Carcassonne* a deux belles places: l'église des ci-devant Capucins mérite d'être vue; la fontaine de Neptune: la cathédrale; l'hôtel de ville. La manufacture de draps fins, est une des douze établies par *Colbert*. De *Carcassonne* on va à *Barbeyrac* par le chemin de *Trèbes*, pour voir le *canal de Languedoc* passer sur un aqueduc, qui sert de pont à la rivière d'*Orbe*, et l'on compte une demi-poste de plus.

10. Plaine abondante en vignes, olives, bleds, mûriers, et entourée de rochers stériles.

11. Population suiv. l'A. J. 9,085. □. L'Amitié à l'épreuve. A *Narbonne*, les ruines de plusieurs édifices Romains, et le tombeau ruiné de *Philippe-le-Hardi*, dans la cathédrale, remarquable par la hauteur de ses voûtes, et la hardiesse de sa construction; à l'ancien archévêché, le chef-lieu de la 10. cohorte de la légion d'honneur. *Narbonne* est beaucoup plus riche en inscriptions antiques qu'aucune ville des Gaules. De *Narbonne* à *Beziers*, sur le chemin de *Montpellier*, la montagne de *Malpas* est percée de 120 toises, pour donner passage au *canal du Languedoc*. L'effet que produit un ouvrage si extraordinaire sur le spectateur, est sublime au plus haut degré. Une multitude de marches à chaque bout permet à la curiosité de se satisfaire avec la plus grande attention. L'excellent miel, connu sous le nom, de miel de *Narbonne*, est très-recherché.

12. Population suivant l'A. J. 10,000. □ L'Union; la Sociabilité; St. Jean des Arts; les frères réunis etc. L'église principale est un fort beau bâtiment, auquel il ne manque qu'un portail. L'hôtel de ville doit être visité. L'eau à boire se tire des puits et des cîternes, mais les gens riches en font apporter d'une fontaine hors de la ville. Les environs produisent d'excellens vins muscats, de Rivesaltes, de Macabeu, de Grenache, de Malvoisie.

28. *Route de Paris à Pontarlier.*

Postes de France.	*Noms.*	*Postes de France.*	*Noms.*
48³/4	1. Besançon.	2	Grange d'Aleine.
2	Merey.	2	3. Pontarlier.
1¹/2	2. Ornans.		
		56¹/4	

Observations locales.

Entre Pontarlier, Genève et Lausanne, il y a des diligences établies.

1. V. No. 6.

2. Au voisinage d'un puits, qui, lors des grandes pluies, se dégorge. On appele *umbres* les poissons qu'il jette.

3. Population suiv. l'A. J. 3,880. Le *château de Joux* qui a servi de prison au fameux général-Nègre, *Toussaint l'Ouverture*, protège le passage. On trouve dans cette ville une jolie promenade; le *mont d'or* dans le voisinage est célèbre par ses pâturages, ses fromages en boîtes, et cet assemblage de fleurs choisies, auxquelles on donne le nom de vulnéraires ou de *thé Suisse*. Il faut visiter dans les environs, le saut du *Doubs*, l'église dans les grottes de *Rémonot*, et la fontaine ronde.

29. *Route de Paris à Strasbourg, par Châlons, Bar-sur-Ornain, Nancy, Lunéville, Pfalzbourg et Saverne.*

Postes de France.	*Noms.*	*Postes de France.*	*Noms.*
21	1. Châlons - sur - Marne.	1½	Velaine.
		1½	7. *Nancy.*
2	La Chaussée.	2	Dombasle.
2	2. Vitry - sur - Marne.	1½	8. Lunéville.
		1¾	Benamenil.
2	Longchamp.	2	Blamont.
1½	3. St. Dizier.	2	Héming.
1½	Sauldrupt.	1	9. Sarbourg.
1½	4. Bar-sur-Ornain.	1	Hommartin.
2	Ligny.	1	10. Pfalzbourg.
1	5. St. Aubin.	1½	11. Saverne.
1¾	Void.	1¾	Wasselonne.
1½	Layes.	1½	Ittenheim.
1½	6. Toul.	2	12. Strasbourg.
		61½	

Observations locales.

1. V. No. 25. Il est dû à *Châlons* un quart de poste en sus de la distance, sur toutes les sorties.

2. Ci-devant *Vitry-le-Français*; surnom qui lui venait de *François I*, son fondateur. Cette ville présente un très-joli coup-doeil. La place sur laquelle se trouve l'église principale, est fort-belle. Il y a ici quelques manufactures de chapellerie, de bonneterie, de serges, façon de Londres, et de galons, moitié soie, moitié fil. En se rendant d'ici à *Ste. Ménéhould*, on traverse le champ de bataille, célèbre par la canonade de *Valmy*. Dans le canton de *Ste. Ménéhould*, une superbe manufacture de faïence, et *Varennes* célèbre par la fuite de *Louis XVI*.

3. La

3. La *Marne* commence ici de porter bâteaux. La ceinture champêtre qui environne la ville, lui prête un charme que l'on retrouve à peu d'autres. C'est là que l'on forge et que l'on fond la majeure partie des poëles, des plaques de cheminée, des enclumes etc. que consomme Paris.

4. Ci-devant *Bar-le-Duc*, Population suivant l'A. J. 6,961. ☐ L'Amitié triomphante. C'est le chef-lieu du département de la Meuse. Les fruits confits à *Bar-sur-Ornain*, et surtout les pots de *groseilles en gelée*, sont recherchés par les friands. On pêche d'excellentes truites dans la petite rivière d'*Ornain*. Les vins que fournissent les environs, ne le cèdent pas pour la délicatesse à ceux de Champagne. On travaille toutes sortes d'ouvrages d'acier, dans un de ses faubourgs.

5. Non loin de ce relais il y a le petit village de *Dom Remy*, lieu natal de la célèbre *Pucelle*. La maison de cette héroïne, se distingue par ses garmes, et par son buste au-dessus de la porte. On montre aussi les ruines de sa chapelle, sous le nom du *Perrier de la* Pucelle.

6. Population, suivant l'A. J. 6,940. — Les 9 soeurs. La ci-devant cathédrale est un énorme amas de pierres. *Toul* est au nombre des villes dont l'origine se perd dans la nuit du tems passé. Elle est jolie; située sur la *Moselle*, dans un vallon agréable et fertile. Son commerce consiste en vins de bonne qualité. Elle renferme une manufacture de fayence estimée; l'ancien évêché sert de chef-lieu à la 5 cohorte de la légion d'honneur.

7. V. tableau de villes. Il est dû un quart de poste en sus de la distance, pour les sorties.

8. Le château est aujourd'hui un corps de casernes. Le chef-d'oeuvre de mécanique et d'hydraulique, *les rochers*, n'existe plus. L'eglise des ci-devant chanoines, est jolie. Cette ville a une manufacture de faïence. Le traité de paix qui porte le nom de cette ville, l'a illustrée de nouveau.

9. La *Sarre* commence à porter bâteau dans cette ville. Il y a beaucoup de forges dans les environs.

10. *Pfalzbourg*, forteresse dans les Vosges: est célèbre per ses liqueurs.

11. La montagne de *Saverne* est au pied des montagnes des Vosges. La chaussée qui conduit sur cette montagne, autrefois presque impraticable par le mauvais tems, offre un chemin assez commode parmi ces montagnes escarpées. C'est un des ouvrages les plus curieux de l'industrie humaine. Il fut si admiré du tems de son origine, que les dames en prirent une mode. Elles portaient des perles arrangées en forme spirale comme la chaussée. Elles en mettaient dans leurs cheveux et cette coëffure s'appelait une *coëffure à la Saverne*. Du haut de ces montagnes, l'*Alsace* semble offrir aux yeux un vaste jardin. On y trouve la plus grande variété de collines, de vignes, de champs, de prés, de jardins, de bois et quantité de villages, bourgs, villes et métairies. Dans le lointain on voit le *Rhin* qui coule majestueusement au pied des montagnes d'Allemagne, sur lesquelles on apperçoit des villages et des châteaux au milieu de plusieurs touffes d'arbres. La tour du *Munster*, s'élève majestueusement, comme une colonne isolée. A peu de distance est la ville de *Saverne*, avec le château et la chaussée qui conduit à *Strasbourg*, et qui est garnie de noyers des deux côtés; vue superbe! Le palais-neuf, ci-devant au cardinal de *Rohan*, est parfaitement ressemblant au château de *Napoleonshöhe*, ci-devant *Weissenstein*, près *Cassel*. Les jardins ont été en partie devastés par la révolution.

12. V. le tableau de villes. Il est dû une demi-poste en sus de la distance, sur toutes les sorties.

30. *Route de Paris à Strasbourg, par Metz, Moyenvic etc.*

Postes de France.	*Noms.*	*Postes de France.*	*Noms.*
$39^1/_4$	1. Metz.	1	Moyenvic.
$1^1/_2$	la Horgne.	2	la Bourdonnaye.
$1^1/_4$	Solgne.	$2^1/_2$	2. Héming.
$1^1/_2$	Delme.	$9^3/_4$	Strasbourg.
$1^1/_2$	Château-Salins.		
		$60^1/_2$	

Observations locales.

1. V. No. 25.
2. V. l'article ci-dessus.

31. *Route de Paris à Chambéry.*

Postes de France.	*Noms.*	*Postes de France.*	*Noms.*
63½	1. Bourgoing.	2	3. Echelles.
2	la Tour du-Pin	1½	St. Thibault de Coux.
1	Gaz.	1½	4. Chambéry.
1¼	2. Pont-de-Beauvoisin.		
		72½	

Observations locales.

1. V. No. 15.

2. Les montagnes du *Dep. du Montblanc* offrent une nouvelle scène: des bois, des rochers, de précipices, des cascades et des torrens, forment des paysages charmans. La route est sûre et bonne, même belle en plusieurs endroits.

3. A quelque distance des *Echelles*, on passe par *le chemin de la grotte;* le monument de *Charles-Emanuel II.* et l'inscription, *ont été* détruits par le vandalisme révolutionnaire, mais restitués depuis. La grotte est un chemin creusé dans un rocher, d'environ 1,000 toises de longueur, et dont plusieurs parties ont plus de cent pieds de hauteur. Les habitans des environs aident les chevaux à gravir sur le roc, pour attraper quelque légère gratification. Non loin de-là, la route tourne vers la ci-devant *Grande-Chartreuse*: V. 15. obs. loc. 2.

4. V. l'Itinéraire d'Italie. □. Les Amis réunis; la triple Union.

32. *Route de Metz, par Deux-Ponts, Dürkheim, Worms, Mayence, à Francfort s. l. M.*

Postes	*Noms.*	*Postes*	*Noms.*
2½	Courcelles.	2	Frankenstein.
1	Fouligny.	2	2. Dürckheim.
2	St. Avold.	2	Oggersheim.
2¼	Forbach.	2	3. Worms.
1½	1. Sarbruck.	3	4. Oppenheim.
2	Rohrbach.	2	5. Mayence.
2	Hombourg.	2	Hattersheim. (poste allemande.
2	Bruchmuhlbach.		
1	Landstuhl.		
2	Kaiserslautern.	1	Francfort.
		34¼	

Observations locales.

1. Population 5,000 a. Le pont-neuf qui joint les deux villes de *Saarbruck* et de *St. Jean*; la salle des spectacles etc. La ville est bien bâtie, et à été très-commerçante. Les maisons de plaisance des princes, qui avant la révolution regnaient à Saarbruck, ont été ruinées ou incendiées par la guerre. Sur le *Hallberg*, où était l'emplacement de l'ancienne ville construite par les Romains, on remarque une grotte, taillée dans le roc, et qui servait autrefois au culte payen; elle est encore appelée dans la langue du pays, *die alte Heidenkapelle*. Dans les arrondissemens de *Saarbruck* on fait un grand débit de tabatières de carton et de papier-mâché, dont il y existe plusieurs manufactures.

2. *Durckheim* est une jolie petite ville.

3. Population suiv. l'A. J. 5,000. Ville ancienne, qui de loin se présente bien avec ses tours gothiques. Il faut voir à *Worms* la salle, où *Luther* fit sa profession de foi. Il y a quelques antiquités romaines à *Worms*. La cathédrale date du XII. siècle. La route d'*Oppenheim* à *Worms* est très-agréable. Les vignes célèbres de *Nierenstein*, d'*Unser-lieben-Frauen-Milch* bordent presque le chemin. Le vin du *Katerloch* est fort-estimé.

4. On y reconnait encore les traces des dévastations de *Mélac*, sous Louis XIV. C'était près d'*Oppenheim*, que *Gustave-Adolphe* de Suède, passa le Rhin et vainquit les Espagnols retranchés. Dans un bois, de l'autre côté du *Rhin*, il y a l'obélisque érigé en sa mémoire. On montrait encore, près d'*Oppenheim*, en 1794 l'ossuaire des espagnols tués.

5. V. tableau. Il est dû une demi-poste sur les sorties, en sus de la distance.

6. On passe par *Hoechst*, où il y a une manufacture de tabac, une fabrique de porcelaines, et le château qu'a fait bâtir M. *Bolongaro*. Dans la guerre de la révolution on y avait établi tantôt l'hôpital, tantôt le quartier-général, tantôt il servait de caserne. On voit à gauche, de loin, le fort de *Koenigstein*, si fameux dans la dernière guerre, et que l'on a fait sauter. Toute cette contrée a été le théâtre de plusieurs combats sanglans, dans la guerre de la révolution; on passe la *Nidda*. A *Hattersheim*, une montagne volcanique très-remarquable.

Avec les voituriers, on ne passe pas par *Hattersheim*; on prend une route detournée et plus courte.

33. ***Route de Strasbourg, par Landau, à Francfort s. l. M.***

Postes.		*Noms.*	*Postes.*		*Noms.*
2		Brumat.	$1^1/_2$	3.	Landau.
$1^1/_2$	1.	Haguenau.	2	4.	Neustadt.
2		Soultz.	3		Oggersheim.
$1^1/_2$	2.	Wissembourg.	10	5.	Francfort.
$1^1/_2$		Barbelroth.			
			25		

Observations locales.

1. Il y a ici une espèce de *terre sigillée*, dont on fabrique une belle fayence.

2. Beaucoup de vignobles; beaucoup de châtaignere. *Wissembourg* et ses lignes ont été célèbres dans la guerre de la révolution. ☐. La triple Union.

3. Ville forte, souvent assiégée et prise. L'ouvrage à corne, est la fortification principale, d'où dépend le salut de la ville. ☐. L'Union philanthropique.

4. Le vin, nommé *Gaensefusser*, est célèbre.

5. V. Allemagne, Villes.

34. ***Route de Strasbourg, par Fort Vauban, Spire, Manheim, à Francfort s. l. M.***

Postes.		*Noms.*	*Postes.*		*Noms.*
$1^1/_2$		Wanzenau.	2		Germersheim.
2		Drusenheim.	2	3.	Spire.
$2^1/_2$		Beinheim.	3	4.	Manheim.
2	1.	Lauterbourg.	10		Francfort.
2	2.	Rheinzabern.			
			27		

Observations locales.

1. Célèbre dans la dernière guerre par ses retranchemens et la prise de ses lignes.

2. Chemin sablonneux; on passe par une vaste forêt dite *Béwald* ou *Bienwald*.

3. La cathédrale, bâtiment gothique, et les tombeaux ruinés des empereurs; voilà la curiosité principale de cette ville, ci-devant impériale, qui a succombé tant de fois sous les armes de la France. Population suiv. l'A. J. 3.444. ☐. La grande famille.

4. ☐ à l'amitié fraternelle. V. Itinéraire de l'Allemagne.

35. Route de Cologne à Aix-la-Chapelle.

Postes.	Noms.	Postes.	Noms.
3	Bergheim.	3	2. Aix-la-Chapelle.
$2^1/_2$	1. Juliers.		
		$8^1/_2$	

Observations locales.

1. *Auberge.* A la cour impériale. L'église collégiale est belle. La ci-devant chartreuse, *zum Vogelsang*, n'était qu'à une demi-heure de la ville. *Aldenhofen*, à 1 $^1/_2$ lieue de *Juliers*, est célèbre par une vierge miraculeuse, et par la bataille de 1793. On fortifie de nouveau la ville de *Juliers*. Population suiv. l'A. J. 2,126.

2. V. tableau des villes.

36. Route de Liège *) à Bruxelles.

Postes.	Noms.	Postes.	Noms.
$2^1/_4$	Orey.	$2^1/_4$	2. Louvain.
$2^1/_4$	St. Trond.	$1^1/_2$	Cortemberg.
2	1. Tirlemont.	$1^3/_4$	3. Bruxelles.
		12 P.	

Observations locales.

1. A *Tirlemont*, jolie ville, un très-beau carillon. Population, suiv. l'A. J. 7,788. Près de là le village de *Neerwinden*, si célèbre par deux batailles de ce nom.

*) V. tableau des villes. De *Liège* à *Spa* 3 postes. De *Liège* à *Aix-la-Chapelle*, $5^1/_2$ p. Il est dû à *Liège* un quart-de-poste en sus de la distance, sur toutes les sorties.

2. *Louvain* avait ci-devant une université célèbre, et une population de 40,000 h. qui n'est à présent suiv. l'A. J. que de 18,587. ☐. Les disciples de Salomon. Dans l'église des Franciscains le tombeau de *Lipsius*. La maison commune est d'un beau gothique. Le séminaire, bâtiment magnifique, sert à présent de maison d'invalides. Louvain fait un grand commerce de bière, qui est renommée, et d'huile de navette et de colza. Elle communique avec *Malines*, par un beau canal. Auberge: à l'hôtel de Cologne.

3. V. tableau. Il est dû une demi-poste en sus de la distance, sur toutes les sorties.

37. *Route de Metz à Trèves et Coblence.*

Postes.	*Noms.*	*Postes.*	*Noms.*
2	1. Mondelange.	$2^1/2$	Hetzerath.
$1^1/2$	Thionville.	2	Wittlich.
2	Frissange.	$3^1/2$	4. Lutzerath.
$1^3/4$	2. Luxembourg.	2	Kaiseresche.
$1^3/4$	Roodt.	2	Polich.
$1^1/4$	Grevenmachern	3	5. Coblence.
2	3. Trèves.		
		$27^1/4$	

Observations locales.

1. Il est dû $2^1/4$ de *Metz* à *Mondelange*; et de *Mondelange* à *Metz* deux postes seulement.

2. Population, suiv. l'A. J. 9,000. ☐. Les enfans de la concorde fortifiée. *Luxembourg* est la ville la plus forte de l'Europe. C'était la famine qui força le brave *Bender* à capituler. Tout ce pays depuis *Thionville* porte les souvenirs de la guerre de la révolution.

3. Population, suiv. l'A. J. 9,118. Voyez sur *Trèves* le tableau de *Mayenee*. A *Trèves* il existe deux messageries, l'une de *Trèves* à *Coblence*; l'autre de *Trèves* à *Luxembourg*. La première part tous les lundis et jeudis, et arrive tous les mardis et vendredis. La population de cette ville ne répond pas à l'étendue du sol qu'elle occupe, et qui est de 224 arpens. Son origine se perd dans la nuit des siècles, et c'est certes une des plus célèbres villes de l'antiquité. Les environs de *Trèves* sont riches en curiosités; à 6 lieues le château de *Grim-*

bourg, si redouté du tems de la chevalerie, et qui étonne encore par sa solidité et la hauteur de ses tours: à 8 lieues, *Dagstuhl*, où l'on voit encore le château que le roi Dagobert y bâtit en 622; à 14 lieues, *Oberstein*, si renommé par les moulins qui y travaillent et polissent non seulement les agathes du pays, mais encore les jaspes, cailloux etc. de la Russie, de la Suède, de la Turquie, qui y affluent. La manufacture, quand à la main d'oeuvre, est divisée en 4 tribus.

4. Il ne faut pas s'arrêter à *Lutzerath*, mais coucher aux bains de *Bertlich*.

5. V. *Description du voyage sur le Rhin*, à l'Itinéraire d'Allemagne.

8.

Cartes itinéraires. Manuels. Relations de voyage de fraiche date.

(La *carte itinéraire* jointe à cette édition du *Guide* dispense le voyageur, de faire l'achat de quelque autre. De même celui qui est muni du *livre des postes Impériales*, possède dans la *carte des routes*, qui y est annexée, la meilleure carte itinéraire).

Itinéraire de l'Empire Français, par l'auteur de l'abrégé de Guthrie; orné d'une grande carte routière. A Paris, 1806. 8. (Il est tiré de la contrefaction Parisienne du *Guide des Voyageurs*).

Nouveau voyage de France, avec 24 cartes itinéraires, pour les différentes parties de l'Empire; enrichi d'une carte itinéraire et de tableaux. Paris, 1806. 12. deux vol.

Dictionnaire universel géographique, statistique, historique et politique de la France. To. 1. 2. 3. 4. 5. avec une carte. Paris, 1807. [M. *Prudhomme* en est l'auteur; et c'est l'ouvrage le plus détaillé et le plus exact, à quelques erreurs près, que nous possédions sur ce vaste Empire.]

Description topographique et statistique de la France, avec la carte de chaque département. Par MM. *Peuchet* et *Chanlaire*. 1808. 4. [Cet ouvrage a commencé par livraisons de trois départemens par mois, à raison de 3 livres chaque livraison. Quant cet ouvrage sera fini, il sera le plus complet et le plus instructif].

Voyage en Savoie et dans le midi de la France, en 1804 et 5. Paris, 1807. 8.

Voyage dans les départemens du midi de la France, par *M. Millin*. Paris, 1807. 1808. (Ouvrage excellent et instructif).

Eisch, Briefe über die südlichen Provinzen von Frankreich. Zürich 1790: (ce livre quoique publié sous l'ancien régime, sera de la plus grande utilité au voyageur, qui veut parcourir les provinces méridionales).

Fragmente aus Paris im IV. Jahr der französischen Republic von F. J. L. *Meyer* D. Domherrn in Hamburg, 1797. (traduits en Français, par le Général *Dumouriez*. C'est le meilleur ouvrage que nous possédons en allemand sur Paris sous le Directorat: le même auteur, homme de lettres généralement estimé, y a ajoûté le tableau de Paris et de la France sous le Consulat; sous le titre: *Briefe aus der Hauptstadt und dem Innern Frankreichs*. *Tubingen*, chez *Cotta*, 2 vol. la seconde édition est très-augmentée).

Vertrauliche Briefe über Frankreich und Paris. Leipzig, 1800. (L'auteur M. *Reichardt*, alors maître de la chapelle du Roi de Prusse, en a publié la suite, ou la description de son dernier voyage à Paris, sous le titre: *J. F. Reichardts vertraute Briefe aus Paris, geschrieben in den Jahren* 1802 *und* 1803. *Hambourg* 1804. 3 *vol*. 8.).

Auch ich war in Paris! (1801.) Winterthur, 1803. 8. 3 vol. (L'auteur est M. *Weddigen*).

(Dans l'ouvrage de Mr. *Seume*, „Spaziergang nach Syracus im Jahr 1802. Leipzig 1803." se trouvent quelques détails intéressans sur Paris et sur d'autres villes de la France).

Erinnerungen, aus Paris im Jahr 1804 *von August von Kotzebue*. *Berlin* 1804. 8. (Il en a paru à Paris une traduction française, et à Londres une en langue anglaise).

Bemerkungen auf einer Reise durch die Niederlande nach Paris im XI. Jahr der Republik. To. 1. 2. Hamburg, 1804. 8. (Cet ouvrage très-instructif, renferme un grand nombre de renseignemens utiles; que l'on cherche vainement dans d'autres livres de ce genre).

Reise auf dem Rhein, durch die französischen Departements des Donnersbergs etc. *bis Aachen und Spaa von Klebe.* Band 1. 2. 3. Frankfurt a. M. 1806. 8. 2e édition. (Ouvrage agréable et instructif).

Voyage pittoresque sur le Rhin, 3 cahiers; à Francfort sur le Mein, chez M. le libraire *Willmans:* (Ce *voyage pittoresque* a paru, en 1805 et 1806, rédigé par *M. Schreiber* et orné d'un grand nombre d'estampes et de vues, parfaitement bien executées. C'est le meilleur Guide et le plus moderne. *M. Willmans* avantageusement connu par l'exécution typographique des ouvrages, qui sortent de ses presses, publie depuis peu une belle *Collection de vues pittoresques du Rhin,* dessinées d'après nature par *Schütz*, et gravées à l'aqua tinta par *Radl*).

Historisches, statistisches, topographisches Lexicon von Frankreich, und dessen Nebenländern und eroberten Provinzen. Ulm, 1795 — 1806. 4 vol. 8.

Reize door Frankryk in gemeenzame Brieven door *Adrian van der Willigen.* Haarlem 1805. 8. 3 cahiers, avec gravures.

Th. Bugge's Reise til Paris, i Aarene 1798 og 1799. Kiöbenhavn, 1800. 8. (On en a publié une trad. allemande).

Versailles, Paris and St. Denis, or a series of views by J. C. *Nattes;* with an historical account by L. J. *Gerard.* London, 1806. Fol. 12 cahiers.

Travels after the peace of Amiens through parts of France etc. by J. G. *Lemaistre.* London, 1806. 8. 3. vol.

The belgic traveller, or a tour trough Holland, France etc. in the years 1804 and 5. London, 1806. 8. 4 vol.

L'*Almanach Impérial* par *Testu*, paraît au commencement de chaque année sous l'autorité du gouvernement. Il contient avec précision la division et nomenclature des autorités constituées, et fournit aux lecteurs des notions exactes sur toutes les branches et parties de l'administration publique, et sur un grand nombre d'autres matières).

Supplément.

Paris et ses environs, à la distance de 4 lieues à la ronde *).

(Avec une Carte.)

Les environs de Paris restent pour la plûpart beaucoup trop inconnus aux voyageurs, et peut être davantage encore aux Parisiens. Il n'y a guère d'étrangers qui n'aillent voir au moins Versailles, et en effet, de toutes les parties qui s'offrent à lui autour de la Capitale, c'est une des plus intéressantes, par la facilité qu'elle procure de passer en revue dans la même promenade *Sèves* avec sa belle manufacture de porcelaine, St. *Cloud*, *Malmaison*, *Marly*, St. *Germain* etc. Pour ceux d'ailleurs qui connaissent Paris, et qui surtout y ont vécu quelques années, il est facile de concevoir, pourquoi souvent, penda un tems considérable, on ne trouve pas le moment .e faire une course hors de la barrière. L'intérieur deParis, présente tant de plaisirs et des objets d'un intérêt si varié, que l'on n'éprouve que peu le besoin de parcourir la campagne. Et que ne fait pas l'habitude! Le jardin de Tuileries, celui des plantes, les Champs Elysées, le jardin du palais du Sénat conservateur (connu autrefois et encore aujourd'hui sous le nom de Luxembourg), les anciens et les nouveaux boulevards, et différens jardins dont ils sont embellis de part et d'autre, s'offrent aux promeneurs, dans l'intérieur

*) Tiré du Portefeuille d'un Voyageur de l'an 1807, pour servir de supplément aux détails plus récens de la page 86. et suiv. et de la page 109.

des murs de la ville, comme autant d'occasions de se procurer un petit amusement. Si le tems est favorable, on fait de petites excursions au bois de Boulogne; ceux qui habitent plus près du côté septentrional de Paris, vont au pré S. *Gervais*, à *Belleville* et au bois de *Romainville*, situés tout près de la barrière et dans une campagne très-agréable, tandis que pour les vieux bons bourgeois du fauxbourg St. *Germain*, l'endroit qu'ils aiment le plus pour ces petites parties de plaisir qui ne doivent leurs coûter que peu de tems, c'est le grand *Montrouge*, également situé dans une jolie contrée. Ce sont ordinairement les dimanches que l'on destine pour ces promenades d'une plus grande dimension: le matin de très-bonne heure, toute la famille se met en chemin, et il est permis jusqu'au serin de prendre part à cette joie, étant porté dans sa cage par la mère de la maison ou bien par l'une des demoiselles les plus âgées, sous leur tablier.

Les classes les plus communes du peuple ont coutume de diriger leurs pélerinages de dimanche, et trop souvent aussi ceux des jours ouvriers, à *Vaugirard*, à *la Villette* et aux villages les plus voisins de la barrière, où il peuplent surtout les guinguettes, parceque les hôtes de ces endroits, ne payant pas de droit d'entrée, peuvent donner le vin à meilleur marché qu'il ne se vend dans l'intérieur de la ville, où cet article est sujet à de forts impôts.

Le voyageur, qui trouve de l'intérêt à observer les classes inférieures et moyennes du peuple, ne doit pas négliger d'aller visiter ces endroits jusqu'à présent indiqués. Cette fois-ci il n'en sera pas question.

Le but de cet aperçu n'est que de fournir une espèce de guide aux voyageurs qui ont envie de parcourir les *environs de Paris*, très-beaux par ci par là, et quelquefois vraiment pittoresques. Je serai le plus court possible, et je donnerai moins des descriptions que des avis. Venez voir vous-même!

Notre première course sera à *Versailles*: il n'y a certainement pas de voyageur qui ne la fasse. Celui qui est bon piéton, préférera peut-être d'y aller à pied; chose cependant qui, pour la plûpart des curieux, a ses inconvéniens, puisqu'à Versailles même on trouve asses d'ocd'occasions de mettre ses pieds en mouvement, et si l'on y arrive fatigué, on ne voit communément les curiosités qu'à demi et sans éprouver le même plaisir. Il est donc plus à propos de faire cette excursion ou à cheval ou en voiture. Dans le dernier cas, il y a deux manières; on peut louer une voiture pour la journée, ou bien, voulant mettre plus d'économie, on va au quai entre le pont royal et celui de la concorde, où l'on trouve toujours prêts un grand nombre de cabriolets ordinairement à quatre places et qui ne demandent pas mieux que d'être occupés. Il est plus agréable de faire ce petit voyage dans une société de 4 ou 8 personnes; n'ayant alors pas besoin d'aller avec des inconnus, ou d'attendre que la voiture soit pleine, ce qui est toujours désagréable. Au reste, ce qui soit dit ici une fois pour toutes, on trouve de ces cabriolets, dans le voisinage des barrières, presque pour tous les points des environs.

Celui qui fait cette excursion à Versailles dans une voiture, ne peut guères, il est vrai, s'arrêter en route, si ce n'est à Sèves, où les voituriers laissent toujours leurs chevaux se repôser un peu, le chemin de Sèves jusqu'à Versailles allant presque toujours en montant. Cependant, comme plusieurs des objets plus rapprochés peuvent être visités dans des promenades de moindre étendue, les lecteurs voudront bien me permettre quelques indications là dessus.

Avant d'arriver à la barrière, on passe devant la *pompe à feu* des frères *Perrier*: tout le monde y peut entrer à loisir, et les prépôsés aussi bien que les ouvriers, s'empressent de donner à l'étranger qui desire s'informer, les renseignemens nécessaires pour le mettre au fait de ce qu'il pourrait ne pas savoir. Autrefois un canal, partant du bord de la Seine conduisait dans un réservoir qui se trouvait en avant de la machine; c'est pourquoi l'eau qui y arrivait, était toujours extrêmement bourbeuse. Mais il y a 3 ou 4 ans, on a dirigé un gros tuyau de fer fondu depuis la machine jusqu'au milieu de la rivière. Là, dans une cage de pôteaux qui sont assez hauts pour n'etre jamais couverts de la rivière ni porter danger aux bâteaux, ce tuyau s'élève de manière que l'ouverture par où l'eau entre, se trouve tournée à vau-d'eau, ce qui fait que la pompe à feu ne reçoit que de l'eau pure, sans fange et sans aucune de ces matières hétérogènes qui troublent les rivières. A la hauteur de Chaillot, sont établis trois grands réservoirs, dans lesquels, par la force de la machine, l'eau s'élève et où la fange se dépôse : lorsqu'elle a été conduite du plus haut réservoir dans le second et dans le troisième, l'eau, ainsi purifiée, se répand dans les différents quartiers de Paris. Pour voir ces réservoirs, on n'a qu'à s'adresser au concierge, qui, moyennant une petite rétribution, y admet le voyageur avec empressement.

Il sera moins aisé de voir la fonderie établie derrière la pompe : on y a employé de petites pompes à feu pour faciliter les travaux.

Les villages de Chaillot, qui, depuis la nouvelle enceinte de Paris, s'y trouve renfermé, et de Passy qui est dehors, servent en été de séjour à plusieurs familles, qui y ont une maison de campagne ou qui y louent seulement un logement *). Il y a aussi dans l'un et dans l'autre, plusieurs établissemens d'éducation et des maisons où se font soigner de riches malades qui chez eux manquent de pareille ressource. La situation de ces deux villages est charmante, en partie au pied d'une colline, en partie sur la colline même, d'où l'on jouit d'une vue ravissante sur Paris et sur la belle plaine de la rive gauche de la Seine et qui est couverte de villages et de maisons de campagne. La pente de la colline est employée à des jardins, dont la plûpart sont très-jolîment arrangés en terrasses.

La barrière de cette route de Versailles s'appele la barrière des bons-hommes, d'un cloître des Minimes qui se trouve à côté, jadis nommé les bons-hommes, et qui aujourd'hui est transformé en une belle manufacture de basins, piqués, mousselines et autres étoffes de cotons, dont les frères *Bawens* sont les propriétaires.

*) Le savant *Latour d'Auvergne* mort dans l'avant-dernière guerre et connu comme premier grenadier de l'armée française, habitait aussi le village de Passy toutes les fois que ses occupations l'appelaient à Paris. Il y a deux sources minérales. — Dans le village de Chaillot on voit aussi une manufacture de tapis, établie en 1604 et connue sous le nom de la Savonnerie, cet édifice ayant autrefois en effet été employé à faire le savon.

Ici, *sous le ministère de Mr. Chaptal*, ont *été faits* quelques essais en grand de différentes nouvelles méthodes de blanchir, dont quelques uns, pour avoir mal réussi, n'en ont pas moins été instructifs.

Tout près de *Passy* et à petite distance de la route, on aperçoit le joli hameau *d'Auteuil*, près le bois de Boulogne: c'est ici que Boileau, Molière et beaucoup d'autres savans et hommes de lettres eurent des terres, et jusqu'à ce jour ce village est le séjour d'été d'une foule de Parisiens.

Un peu plus loin, à une modique distance de *Sèves* (qui aussi s'écrit Sèvres), la route se divise en deux bras; tout droit on arrive à Sèves, et c'est aussi le chemin que prennent les voitures destinées pour *Versailles*: le chemin qui va à droite, conduit à *St. Cloud*. Ce dernier, comme toute la route depuis Paris jusqu'au chemin fourchu, est garni de reverbères, afinque, quand l'Empereur réside à St. Cloud, la route, qui y conduit, puisse être éclairée pendant la nuit; la même chose autrefois avait lieu sur toute la route de Paris à Versailles.

St. Cloud est très-bien situé; c'est pourquoi de tout tems il y a eu un grand nombre de maisons de campagne, et beaucoup de bourgeois aisés ont l'habitude de s'y louer un logement ou même une maison entière pour un ou plusieurs étés. Ceux qui prennent St. Cloud pour terme de leur promenade, feront bien de se servir de la galliotte qui part tous les matins du pont royal, voiture un peu lente, il est vrai, mais sous un rapport dont il sera parlé ci-après, très-commode. Souvent des familles de la classe des artisans profitent d'un beau jour d'été *) pour faire de petites parties de plaisir dans la partie du parc de St. Cloud, qui est ouverte au public, et dont celle, qui se distingue par le monument choragique de Lysicrate, ou la lanterne de Diogène, imitée en terre cuite par les frères Trabuchi, et s'élévant au

*) C'est au mois de Septembre que les Parisiens s'empressent le plus d'aller à St. Cloud. Le 7. de ce mois est la fête de St. Cloud; il y a une foire à cette occasion: les eaux jouent trois dimanches de suite, ce qui ne manque pas d'attirer la foule des étrangers et des voisins, d'autant plus qu'en Septembre dans ce pays-ci le tems est des plus agréables.

sommet de la colline beaucoup au dessus des environs, est en effet très-variée et offre de belles vues sur la plaine et sur la rivière qui y serpente. Ces familles, pour rendre leurs courses moins coûteuses, très-souvent emportent avec elles quelques provisions de bouche apprêtées à la maison, et quelquefois même le vin, et font leur repas le plus ordinairement à l'ombre d'un arbre. Si la société est nombreuse, tous les vivres sont empaquetés dans un panier; on loue un fidèle commissionaire pour la journée, lequel, pendant que la société se promène, est chargé de garder le dîner et de le porter à l'endroit où la caravane prendra position. Pour ces parties là, la galliotte, à cause du transport des provisions, est une voiture aussi commode que peu dispendieuse. D'autres, qui ne se chargent pas de provisions, et qui aiment mieux aller à pied à St. *Cloud*, ont un chemin assez agréable à travers le bois de Boulogne, au bout duquel le village de Boulogne les conduit au pont de St. *Cloud*.

Il y a aussi une route à *Versailles* par St. *Cloud*, et celui qui voudra faire à pied cette petite excursion, fera mieux de choisir ce dernier chemin, comme étant plus varié que celui par Sèves; et offrant dans plusieurs endroits des vues délicieuses sur la campagne. — *Vaucresson*, que vous voyez sur votre carte dans cette contrée, tire son nom du cresson qui y croît en grande quantité: Vaucresson signifiant Val ou Vallée de cresson. A Paris, où la consommation de la volaille est si immense, celle du cresson naturellement ne l'est pas moins.

St. *Cloud* et *Sèvres* sont très-près l'un de l'autre, et ne se trouvent séparés que par une petite partie du parc public de St. *Cloud*. Il a déja été dit plus haut, que les voitures qui vont à Versailles, *s'arrêtent toujours à Sèvres*. Celui qui voudrait seulement donner un coup-d'oeil fugitif à la manufacture de porcelaine, pourrait (supposé le cas où toutes les personnes se trouvant dans la voiture seraient d'accord avec lui) il pourrait, dis-je, se faire conduire à l'entrée de la manufacture et faire repôser là le cheval ou les chevaux. Il faut pourtant en prévenir le voiturier avant d'arriver à *Sèvres* parceque le lieue de repos ordinaire est plus loin que la manufacture de porcelaine. Cependant il est à conseiller à tout voyageur qui aime les arts, de consacrer à l'examen de cet intéressant établissement une journée particulière, qui sera très-bien remplie, surtout quand on veut encore parcourir un peu St. *Cloud* (il n'est pas question ici du château) et les environs. Déja les salles où sont exposés les ouvrages achevés, offrent un coup d'oeil très-intéressant et très-varié; l'entrée y est libre à tout étranger qui désire être admis: quant à l'employé de l'établissement, qui l'accompagne dans les salles, il peut lui donner ce qu'il voudra. Mais pour visiter les différens attéliers des ouvriers, il faut obtenir la permission du directeur, M. *Alexandre Brogniart.* Cet établissement, depuis qu'il est mis sous l'inspection de ce savant, connu par ses connaissances en histoire naturelle, et aussi comme ayant part au dictionnaire de cette science, qui paraît chez M. *Schoell*, a gâgné sous plus d'un rapport. Il s'y travaillé ici, depuis cette époque, plusieurs services de porcelaine pour l'Empereur, qui par leur beauté et par le goût exquis du dessin sont également remarquables.

Sur une île de la Seine, à gauche du pont qui conduit à *Sèvres*, est la tannerie de M. *Séguin*, connu comme chymiste et élève de *Lavoisier*. Il avait essayé d'introduire en France la méthode anglaise de tanner, et avait réçu par là du gouvernement, avec des secours considérables, la commission des fournitures de cuir. Par cette spéculation, et par plusieurs autres qui réussirent également, M. *Séguin* a amassé une fortune considérable, qu'il emploie maintenant en partie à l'encouragement des arts, ayant établi une belle galerie de tableaux, parmi lesquels se trouvent aussi plusieurs bons ouvrages d'artistes vivans.

A gauche, tout près de Sèvres, on voit sur une colline le château de *Bellevue*, ainsi appelé à bon droit, car on y jouit en effet, comme au château de *Meudon*, situé un peu plus loin et plus haut, d'une vue ravissante sur la vaste étendue de Paris et sur toute la campagne circonvoisine. A Bellevue, il y a quelques années, l'écuyer *Têtu* entreprit à cheval son voyage dans lair, et Meudon renfermait autrefois l'école aërostatique fondée par *Conté* qui est mort depuis peu. — Au pied de la montagne, sur laquelle est situé Bellevue, on voit une jolie maison de campagne, nommée Brimborion, où se rendait souvent Louis XV. avec Madame de Pompadour; elle appartient maintenant à M. *Lan-*

chère, connu par toutes sortes de fournitures et entreprises semblables.

Un peu en avant de Versailles est le village de *Montreuil*, qu'on ne doit pas confondre avec celui du même nom, connu par sa culture de fruits et surtout par ses espaliers à pêches: ce dernier village, dont il sera parlé dans une des excursions suivantes, est situé de l'autre côté de Paris près *Charonne* et *Vincennes*. Ce Montreuil, voisin de Versailles, est renommé par ses délicieux jardins. *Delille*, dans son poëme des Jardins, fait mention de celui de Madame de *Guémenée*.

Pour voir Versailles avec quelque utilité, il faut absolument en avoir une bonne déscription; néanmoins l'étranger fera bien, pour s'épargner des courses et des détours inutiles, de louer un conducteur: qu'il s'en garde seulement des garçons et femmes qui s'offrent en foule près du château. Le mieux est de s'adresser pour celà à l'hôtellier chez lequel on descend. Ceux-ci ont ordinairement quelques guides un peu plus instruits, et il vaut mieux donner à ces gens quelques sous de plus. *Il est cependant prudent d'arrêter auparavant* le prix avec ces Guides et de ne pas entièrement s'abandonner à eux pour les objets à voir. C'est pourquoi, avant de se mettre en chemin pour le château et pour le parc, il est bon de dresser, concurremment avec le conducteur, une liste des choses que l'on désire voir.

On ne doit pas négliger d'aller voir dans la ville même la fabrique d'armes, surtout si c'est un jour ouvrier. Les dimanches et les jours de fête, le magasin, au moins, mérite d'être vu, ainsi que les différens atteliers. Pas loin de là se trouve la bibliothèque publique dans les salles où jadis étaient les bureaux du ministre des affaires étrangères. Le château renferme une collection de tableaux de maîtres modernes français, et un cabinet d'histoire naturelle. Qu'on se fasse ouvrir aussi la salle de spectacle, dont l'entrée, ainsi que l'ouverture de la superbe orangerie et des bosquets renfermés, coûte quelques petites pièces d'argent pour ceux, qui en tiennent les clés. Autrefois on pouvait aller librement au *Grand* et *Petit-Trianon*. Mais depuis quelques mois, c'est là la résidence de Mad. la Princesse *Borghèse*; cependant, comme elle en est très souvent absente, on est libre de parcourir au moins le joli parc du *Petit-*

Trianon, ce qui procurera toujours un grand plaisir aux voyageurs.

St. *Cyr*, où Mad. de *Maintenon*, veuve de Scarron, avait établi une pension pour des demoiselles nobles, possède en ce moment un établissement d'instruction et d'éducation, fondé par le gouvernement, sous le nom de Prytanée.

Dans la forêt de Versailles, le joli village de *Viroflay* mérite aussi d'être remarqué, à cause de la belle vue dont on y jouit et qui a beaucoup de ressemblance avec celle de St. *Cloud*. Ce village était un des lieux de repos dans les parties de chasse des rois.

De Versailles, un chemin très-agréable conduit à *St. Germain*, si toutefois on veut faire ce tour de suite, et de là, retourner le long de la Seine.

Comme intermezzo, lorsque les rôses sont en fleur, le chemin sur la rive gauche de la Seine, entre les ponts de Neuilly et de St. Cloud, doit ici être recommandé comme une promenade charmante. On peut la faire sans incommodité dans une demi-journée.

Le pont de Neuilly mérite l'attention des voyageurs. Il ne fut construit que sous le règne de Louis XV. On remarque en dessous un écho artificiel. Il y a à Neuilly un grand nombre de belles maisons de campagne, dans l'une desqulles *le ministre Talleyrand* a donné au roi d'Etrurie, lors de son séjour à Paris, une fête magnifique. Sur la rive gauche de la Seine, un peu au-delà du pont de Neuilly, est *Courbevoye* avec une belle caserne, qui servait autrefois de logement à un régiment de Suisses faisant partie de la garde royale.

Sur le pont de Neuilly on jouit d'une vue délicieuse sur les côteaux de la Seine. A peu de distance, en deçà du pont on remarque dans cette rivière une petite île, habitée par une espèce de Robinson. Il s'y est retiré, il y a déja plusieurs années, sans l'avoir jamais quittée depuis. Le chemin, indiqué plus haut passe au pied du Calvaire ou Mont Valérien, qu'il faut absolument monter parcequ'on y découvre des points de vues magnifiques. Ce mont n'est dailleurs qu'une très-modique colline, et ne peut obtenir le nom de montagne que dans une campagne aussi rase que la plaine de Paris. Du côté de la Seine, cette colline étant très escarpée, on y a pratiqué des escaliers et des repôsoirs; et les prêtres et hermites, qui l'habitaient avant la révolution, non seulement y avaient érigé un mont Calvaire (image du crucifiement de Jésus-Christ) mais encore avaient dressé, sur chacun de ces repôsoirs, une chapelle, le tout représentant les diverses stations, telles qu'on les trouve encore dans les autres endroits de ce pélérinage. Depuis le commencement du printems jusqu'à la pentecôte, les pieux Parisiens et Parisiennes se portaient assez fréquemment dans ce lieu consacré à la dévotion, et, outre les ames pieuses il en venait peut-être aussi pour d'autres motifs. Dans le cours de la révolution, le Calvaire et ses pélerinages furent tout à fait plongés dans l'oubli: le fameux Merlin de Thionville acheta la colline entière qui avait été declarée être un bien national. Dès lors, couvents, chapelles, églises, etc. furent en partie démolis, et en partie employés à la construction d'une jolie maison de campagne, d'où l'oeil se perd dans une vue aussi étendue que délicieuse. Depuis que le Calvaire n'existait plus au Mont Valérien, le Curé de St. Roch profita de l'occasion pour en établir un dans une de ses chapelles, et il réussit à persuader aux dames dévotes, que tous les avantages spirituels, attachés jadis aux pélérinages du calvaire du Mont Valérien, s'étaient transportés sur ceux qu'on ferait pour voir la chapelle de l'église de St. Roch, qui devait remplacer l'établissement du Mont Valérien.

Saint Roch paraît n'avoir rien perdu à ce remplacement. Du moins le curé de cette église ne fut pas bien aise, lorsque le ci-devant chef des hermites du Mont Valérien sut obtenir du gouvernement la permission de rétablir l'hermitage. Hérault de Séchelles, dans son voyage a Montbart remarque fort bien, „que le vrai talent d'un moine mendiant consiste à déterminer les dévôts chrétiens et surtout les vieilles femmes à lui faire de riches présents, tout en croyant qu'il rend un véritable service en acceptant seulement leurs offrandes." C'est un talent que l'hermite du Mont Valérien paraît posséder à un haut degré; car il réussit à racheter toute la colline de Merlin de Thionville, qui la possédait jusqu'alors,*) et l'on peut présumer avec raison, que ce n'a

*) Pareillement le ci-devant chef des Missionaires a depuis quelque tems racheté de son dernier posses-

pas été sans bénéfice pour Merlin, d'autant plus qu'il avait employé des sommes considérables à l'arrangement de ce lieu champêtre.

Le 15. Mai 1805. le nouveau Calvaire et l'église du Mont Valérien furent consacrés de nouveau. Ce jour là le concours des dévôts et des curieux était immense. Encore à 10 heures du soir plus de 600 hommes revinrent à Paris par le bois de Boulogne; et de toute la journée l'affluence n'avait pas été moins grande. Quelquesunes des chapelles sur le chemin qui conduit au sommet sont déja élevées, et les offrandes des fidèles sont attendues pour la construction des autres, et certainement ne tarderont pas à arriver.

Au pied de la colline est situé le hameau de *Suresne* dont les vins de la plus mauvaise qualité, sont devenus le proverbe de Paris pour désigner des vins détestables. On assure qu'au commencement du 18e siècle on a soutenu publiquement à Paris des thèses, dans lesquelles on a avancé que le vin de Suresne surpassait en bonté celui de Beaune et des autres contrées de Bourgogne. Aujourd'hui personne ne proférera une semblable assertion, si ce n'est en plaisantant: certainement les marchands de vin savent métamorphoser celui de Suresne en vins tout différens, mais j'ai peine à croire que les thèses sus-mentionnées voulussent toucher à cette matière là.

La multitude de roses que l'on remarque ici le long du chemin dans les champs, donne à cette promenade, recommendable déja par sa proximité, un charme particulier, et l'on peut s'étonner avec raison qu'elle ne soit pas recherchée d'avantage: chose d'ailleurs-peut-être d'autant plus agréable pour les propriétaires de ces plantations de roses, que les promeneurs et promeneuses ne seraient pas toujours assez raisonnables pour songer que ces roses ne se trouvent pas là comme agrément, mais que les possesseurs de ces champs savent en tirer profit, en cueillant tous les jours les roses qui s'épa-

seur l'hôtel des Missions étrangères vendu comme bien national, dans la rue du Bac. Ici cependant il semble que le vendeur n'a été qu'un prêtenom, et que cet édifice n'a pas cessé d'appartenir à la ci-devant congrégation des Missionaires, qui, en secret continuait toujours.

nourissent pour les vendre aux parfumeurs. Au lieu de retourner à la barrière des bons-hommes, par la longue et monotone grande-route de St. Cloud, le piéton fera mieux de diriger son retour par le bois de Boulogne, à moins que, faute de tems, l'approche de la nuit ou la fatigue, ne l'oblige de louer à St. *Cloud* un de ces cabriolets qu'on y trouve prêts à chaque instant.

Au reste, le beau monde, qui en a le tems, profite du bois de Boulogne pour y faire dans la matinée des promenades à cheval ou en voiture. Depuis quelques années plusieurs nouvelles routes y ont été percées, et des vieilles ont été raccommodées.

C'est dans ce bois qu'est situé la jolie maison de Bagatelle; bâtie par le Comte *d'Artois* par l'habile architecte *Bellanger*: séjour digne de l'attention de tout voyageur. — *Ranelagh* est à certaines époques, un rendez-vous très-recherché par les élegans des deux sexes: en été il y a souvent des jeux de barres sur la pelouse attenante. — Le château de Madrid a été démoli, il y a déja quelques années, et on a employé les materiaux à construire sur le même emplacement plusieurs jolies maisons de campagne. — Le château de la *Muette* existe encore en partie: et sert ordinairement de séjour d'été à un ambassadeur étranger. On y jouit d'une vue très-étendue qui, lorsque le tems est serein, porte jusqu'à *Montmorency*.

Les côteaux de la Seine au delà de *Neuilly*, dans la grande sinuosité jusqu'à *Croisy*, offrent plusieurs contrées magnifiques, où les familles de Paris, dans les beaux jours d'été font souvent de petites parties de campagne, et que les amis de la belle nature, ainsi que ceux de la nature embellie, ne négligeront pas d'aller voir. Je n'indiquerai ici que les environs de St. *Ouen*, et du côté opposé *Mont-Joli*: sur ce dernier séjour, ou *Watelet* fit naître un délicieux jardin, possédé depuis par *Calonne* et plus tard par le fameux peintre, Mad. *le Brun*, l'étranger trouvera des notices dans les divers ouvrages qui traitent des Environs de Paris. A *Anières* il y a beaucoup de maisons de campagne extrêmement jolies.

Après ces petites excursions, nous en ferons une plus grande à St. *Germain en Laye*

Pour faire cette excursion, on trouve de même près du pont royal des cabriolets pour aller et revenir.

Le chemin va à travers les champs Elysées, par le pont de *Neuilly* dont il a été parlé plus haut. Plus avant, près de *Nanterre*, les cochers font halte ordinairement, et les voyageurs saisissent ce moment pour goûter quelques gâteaux de *Nanterre*, tant estimés à *Paris*, et qui s'achétent ici tout chauds et tout bouillans. Comme celà n'arrange guère l'estomac, on a soin de vous offrir du Ratafia de *Nanterre*, pour le remettre. On peut compter en outre que la voiture sera entourée de quelques aveugles mendians : on dirait que c'est là leur rendez-vous.

Il se présente ici deux chemins; l'un va tout droit et passe deux fois la Seine, près *Chaton* et le *Pec*. Entre ces deux lieux, on voyait avant la révolution une chapelle de Ste. *Geneviève*, élevée au même endroit où l'on dit qu'elle a, avec son amant, passé la Seine à la nage et sur son manteau. On sait qu'il y a dans la légende plusieurs de ces navigations miraculeuses. Au *Pec* on jouit d'une vue délicieuse.

L'autre chemin conduit le long de la rive gauche de la Seine. À gauche de la route, on voit *Ruel*, où le Maréchal *Massena* possède une belle terre. Le château de ce village éprouva, il y a quelques années, de grands dégâts occasionnées par les prisonniers de guerre qui y étaient logés. Un peu plus loin, à une petite distance à gauche de la route, on apperçoit *Malmaison*, *séjour* champêtre de l'Empéreur *Napoléon*, avant qu'il transportât sa résidence d'été à St. *Cloud*. Ce lieu, si bien connu par des déscriptions publiques dans les journeaux allemands, et dans les voyages de Paris, était connu déjà en 1244 sous la qualification de malus portus, mala mansio, parceque les Normans dans une de leurs incursions y débarquerent pour dévaster le pays.

Il n'y avait alors qu'une grange, qui conservait aussi dans la suite le nom de mala domus, et elle le mérite à cause de sa position malsaine, humide et basse. Dans les derniers tems, cette terre appartenait au banquier *le Couteulx*, de qui l'a achetée Mad. *Bonaparte*: elle a été depuis considérablement augmentée par de nouvelles acquisitions. Le parc, ou plutôt le jardin botanique *) de l'Impératrice, dirigé par M. *Mirbel*, et la petite menagerie ainsi que les parties éloignées de cette terre qui joignent la simplicité à l'agrément, ne peuvent qu' être vus avec intérêt par touts les amis du beau et du bon.

Encore plus loin on trouve la machine hydraulique de *Marly*. Comme elle dépérit de plus en plus, le gouvernement a déjà pris des mesures pour y faire établir une autre machine qui doit remplir le même but, savoir de conduire de l'eau à *Versailles* et à *St. Cloud*. Ici chaque curieux s'arrêtera avec plaisir un peu de tems pour examiner le mécanisme de cet ouvrage admirable: qu'on s'y prenne seulement avec précaution pour ne pas s'attirer le même malheur, qui arriva il y a trois ans à une petite société d'habitans de Paris des deux sexes, qui, en allant a St. *Germain*, s'arrêtèrent également quelques momens, pour voir la machine, et qui virent plusieurs personnes de leur compagnie, se fiant trop aux planches fragiles et à demi pourries, périr d'une manière effroyable dans la Seine; quelquesuns de ces malheureux qui avaient embrassé les roues de la machine, furent tournés plusieurs fois, — prolongation affreuse de leur agonie!

Quand on est allé jusqu'ici dans une voiture, on fera bien de l'envoyer d'avance et de se faire attendre à l'endroit où le chemin tourne autour de la montagne. Il est intéressant de suivre la machine en montant, et d'examiner à chaque terrasse le mécanisme par lequel l'eau s'élève jusqu'au sommet de la colline. A la dernière hauteur on trouve l'aqueduc, chef-d'oeuvre digne des Romains: on ne peut trop recommander d'y monter, non seulement pour examiner l'ouvrage, mais encore pour jouir de la vue. — Tout près de là, on voit le joli château de Lucienne ou Louvecienne d'une situation très-heureuse; il fut construit par *Louis XV*. pour Mad. *Du. Barry*, et a été fort endommagé depuis la révolution. — Etant arrivé au sommet, on peut aller à pied jusqu'à *Marly*, où cependant il n'y a pas beaucoup d'objets remarquables; car, depuis la révolution, tout y est changé et en partie ruiné. Dans le ci-devant château se trouve actuellement une grande manufacture en drap, appartenant à Messieurs *Sagniel*.

En

*) M. *Ventenat*, dans son jardin de la *Malmaison*, en a donné la description des plus rares plantes.

En quittant *Marly* on rejoint la route de St. *Germain*, où l'on s'est fait attendre par sa voiture. — Cette petite ville renferme la pension de Mad. *de Compan*, dans laquelle entr'autres a été élevée Mlle. *de Beauharnois*, nièce de l'Impératrice, depuis Princesse *Stephanie*, et actuellement épouse du Grand Duc héréditaire de *Bade*. — Sur la terrasse de St. *Germain* il s'ouvre à l'oeil une vue délicieuse. Cette petite ville est située très-haut, et on y jouit par conséquent d'une atmosphère pure et saine*); c'est là aussi un de ces endroits, où quelques personnes vont couler les jours de leur vieillesse, après s'être rétirées de toute occupation et n'étant pas assez riches pour vivre à *Paris*.

Pour faire d'une pierre deux coups, on pourra entreprendre cette excursion dans la partie de l'été, où il y a dans la forêt de St. *Germain* la foire des loges, plaisir auquel les Parisiens prennent part en foule. Les loges étaient autrefois un monastère des Augustins, fondé par *Anne d'Autriche* en 1644.

En allant un peu plus loin, on est surpris sur le pont de *Poissy* par une très-belle vue. Tous les mardis et jeudis on y tient un foire de bestiaux, qu'on ne voit pas sans intérêt. On prétend que le marché de viande de *Poissy* n'est jamais inquiété par les mouches, ce qu'on attribue au séjour qu'a fait St. *Louis* dans cette petite ville. *Meulan*, *Mantes*, *Pontoise* (qui a donné le nom à la meilleure viande de veau qui se consomme dans la capitale) et *Gaillon*, méritent aussi quelque attention de la part du voyageur, qui, arrivé à *Poissy*, se trouve assez d'envie et de loisir pour aller plus loin. *Meulan* et *Mantes* se distinguent par de beaux ponts. C'est à juste titre que cette dernière ville porte le nom de *Mantes* la jolie.

Nous nous tournons à présent plus au nord, pour faire une excursion hors de la barrière de St. *Denys*. — Il a déja éte question plus haut du charmant paysage près St. *Ouen*, sur la route de St. *Denys*, vers la Seine, et qui offre une très-agréable promenade à pied. — Chemin faisant, dans la direction de St. *Denys*, on passe par

*) Le château de St. *Germain*, maintenant transformé en caserne, fut, comme on le sait, la résidence de plusieurs rois de France. *Marie de Médicis*, surtout s'y plaisait beaucoup.

un village, nommé la *Chapelle* *), lieu de naissance du poëte *Chapelle*, où on voyait jadis un hôpital, dans lequel Ste. *Geneviève*, dit-on, passa la nuit du samedi au dimanche, lorsqu'elle alla avec ses compagnes à St. *Denys*, pour voir les tombeaux des martyrs. — Plus remarquable que ce village il en est un autre, à droite de la route de St. *Denys*, nommé *Nôtre-Dame* de bon secours. On y voyait autrefois un monastère, fameux par les pélerinages qu'on y faisait. Car les femmes ennuyées de leur stérilité, y allaient en pélerinage, et on prétend que toujours elles en revenaient enceintes. Cet intéressant établissement, à la grande douleur de quelques femmes, a, dans la révolution, été détruit avec tant d'autres fondations pieuses des ancêtres, et jusqu'à ce jour il n'a pas encore été question de le faire revivre. Cependant qui sait ce qui pourra arriver?

Quand à l'ancien état et aux curiosités de St. *Denys*, on trouve assez de quoi se satisfaire dans toutes les descriptions des Environs de Paris **); bientôt on pourra parler de nouveau d'un état actuel, car déjà, depuis l'été de 1805, on travaille avec beaucoup de zèle au retablissement des bâtimens, des tombeaux, etc., et par le rapport du Ministre de l'intérieur sur la situation de la France au commencement de l'année 1806, vous savez, que les tombeaux des rois seront retablis, et qu'il sera destiné une chapelle pour chacune des trois dynasties précédentes et une quatrième pour la dynastie actuelle. C'est ainsi que le Musée des Monumens français, qui se trouve aux *Petits Augustins* cesserait de lui même ***), puisque la plûpart des autres monumens sépulcraux, qui y sont réunis, doivent être transportés au Panthéon, comme s'appellera dorénavant l'église de

*) Ce village, ainsi que plusieurs autres situés proche la barrière, comme *La Vilette*, *Charenton* etc., sont actuellement les grands dépôts des contrebandiers, depuis le rétablissement des soi-disant droits réunis, que le peuple très-convenablement apele les droits ruineux.

**) Pendant la révolution on a démoli une partie de l'église, le couvent des Carmélites a été transformé en pépinière, et celle-ci est remarquable pour la quantité d'espèces d'arbres exotiques: l'édifice de l'abbaye sert d'hôpital depuis cette époque-là.

***) On dit, que ce local sera arrangé pour recevoir la Galerie d'Architecture de M. *Dufourny*, qui jusqu'à présent se trouvait aux 4 nations, où elle doit faire place à l'Institut.

Ste. Geneviève, patrone de nos bons Parisiens, et peut-être dans différentes autres églises. Reste à savoir si l'on trouvera au Panthéon assez de place pour y enterrer toutes les personnes dont il est fait mention dans le decret y relatif.

La ville de St. *Denys* renferme plusieurs superbes manufactures et fabriques, entr'autres, la raffinerie de Mr. *Delessert* qui fournit le plus magnifique sucre blanc, la fabrique d'indienne de Mr. *Ebinger*, etc. Non loin de là, sur la route d'*Epinay*, on voyait autrefois une grande blanchisserie, où l'on voulait, suivant les annonces de l'entrepreneur, blanchir pour tout Paris. Cet établissement n'a pas pris.

Près de *St. Denys* on remarque sur une île très-longue le village d'Isle-St.-*Denys*, d'une situation charmante, qui présenterait de riche matière à un paysagiste.

De St. *Denys* il peut se faire surtout deux excursions, dont l'une à *Montmorency* demande une journée; pour la seconde, par *Ecouen*, *Senlis*, *Ermenonville* et *Morfontaine*, il en faut plusieurs. Toutes deux sont très-amusantes, et personne ne se repentira de les avoir faites.

Montmorency est situé sur une éminence, d'où on domine une très-belle plaine: ceci, et l'air sain qu'on y respire, a engagé beaucoup de propriétaires à y acheter des maisons de campagne. Un riche financier, nommé *Mezières*, y fit bâtir, par l'architecte le Doux *), une jolie maison de plaisance pour son ami *St. Lambert*, qui l'habita longtems; elle fut occupée depuis, pendant quelque tems par *Gohier*, ci-devant membre du Directoire **). C'est aussi dans cette contrée que demeure *La Rive*, depuis qu'il s'est retiré de la scène tra-

*) Le même qui a construit les maisons de barrière aux différentes entrées de Paris.

**) Maintenant Commissaire des relations commerciales de France à Amsterdam. C'est à lui que la Bibliothèque Impériale à Paris doit, comme on le sait, la découverte des voleurs, qui en 1804 avaient enlevé plusieurs des plus précieux objets du Cabinet des antiquités, et (en Avril 1806) ont été condamnés à 14 ans de galères.

gique. Il a découvert dans sa campagne des eaux minérales, qui déja se vendent à Paris depuis quelque tems.

Tout le monde sait que J. J. Rousseau habitait le soi-disant hermitage, qui appartient maintenant à Mr. *Grétry!* il est situé entre *Montmorency* et *Groslay*. Ce dernier village a aussi de beaux environs: il y a de très-jolies terres, riches surtout en fruits. *Montmorency* avec ses environs est principalement en renommée pour ses délicieuses cerises, et par conséquent est le plus fréquenté dans la saison où ce fruit mûrit.

Au reste, tout ce pays, au-delà de St. *Denys*, a le désagrément, de manquer d'eau, de manière qu'en été, les habitans sont obligés d'aller chercher leur eau quelquefois à la distance de plusieurs lieues. — *Gonesse*, situé encore plus à droite, est renommé à Paris pour son beurre et son pain. Vous savez que, dans le joli petit opéra, les deux journées, il est fait mention de ce bourg. — Derrière *Gonesse*, le pays n'est plus beau. — Si l'on veut de *Montmorency* aller encore un peu plus au nord, on verra St. *Leu*, où le Duc d'Orléans posséda un magnifique château, qui maintenant appartient au Prince *Louis Bonaparte*, roi de Hollande. Le Duc d'Orléans dépensa beaucoup pour l'embellissement de cette campagne. Durant son bannissement de la Cour il y fit dresser un théâtre, et dans une des salles du château il fit distribuer de nombreuses glaces, de manière qu'on pouvait y voir toute l'étendue des environs à trois lieues à la ronde. — Dans les dernières années, beaucoup de personnes à demi aisées se retirèrent dans ce village, où ils se mirent en pension. Encore plus loin, on trouve *Taverny* dans une situation extrêmement jolie; la campagne qui l'entoure, offrant la rare réunion de l'utile et de l'agréable. Si d'un côté la nature parait y avoir prodigué ses trésors les plus variés, l'art, de son côté, a fait tous ses efforts pour la rendre plus belle encore. Un air pur, un sol très-fertile, des sites pittoresques, de charmantes vues, tout fait de cette vallée un des plus délicieux séjours. C'est pourquoi on y voit tant de jolies maisons de campagne et de jardins magnifiques.

Une autre course va de la barrière de St. *Martin* à *Pantin*, *Belleville*, où l'on voit encore chaque dimanche des combats d'animaux, *Bondy*, *Raincy*, *Livry*, et plus loin à *Claye*, *Meaux* et *Mousseau*: c'est dans cette contrée qu'on peut voir le canal de l'*Ourcq*, commencé depuis quelques années et qui, à beaucoup près, n'est pas encore achevé. A *Pantin* il y a beaucoup de jolies maisons de campagne, ainsi qu'à *Bondi*. La forêt de *Bondi* était autrefois fameuse à cause des voleurs qui s'y tenaient cachés, et qui sont devenus le proverbe des Parisiens. Il n'en est plus ainsi de nos jours. Près de *Pantin* sont les plâtrières, qui fournissent ce magnifique plâtre, qu'on sait à Paris si bien employer pour bâtir et pour mouler les statues: c'est dans ces mêmes fossés que Mr. *Cuvier* a trouvé tant de restes de races d'animaux qui actuellement n'existent plus. — *Malherbes* et Mad. de *Sevigné* habitèrent longtems à *Livry*, et il y a quelques années, on y conservait encore leurs bustes dans les maisons qu'ils avaient occupées. — *Raincy* est une des plus charmantes terres autour de Paris, dont elle n'est distante que de 3 lieues; elle est située tout près de *Bondi*, derrière *Pantin*. Avant la révolution elle appartenait au Duc d'Orléans; c'était jadis une propriété de la famille *Livry* qui depuis l'a rachetée. Les Parisiens font souvent de petites parties de campagne dans le Parc du *Raincy*: nous en dirons encore un mot à la fin.

Nous pourrons comprendre dans la même excursion les villages de *Belleville* et le *Pré St. Gervais*, situés sous la même direction. Ces points surtout offrent une promenade des plus agréables, que tout étranger devrait s'empresser de faire; puisque c'est là un des principaux lieux de réunion pour les classes moyennes du peuple des quartiers avoisinants de Paris. A *Belleville* et au Pré St. *Gervais* il y a aussi beaucoup de maisons de campagne. Les environs surtout de ce dernier village sont des plus agréables. Comme il y croît beaucoup de sureau d'Espagne, les Parisiens fréquentent cette campagne principalement dans la saison où il fleurit, et on les voit alors, dans les soirées des dimanches et des jours de fête, revenir avec de gros bouquets de ces fleurs. C'est dans le village voisin de *Romainville* qu'habitait Mad. de *Montesson*, morte depuis peu de tems. La forêt attenante et pleine d'agrément est aussi l'un des endroits favoris des Parisiens pour faire de petites parties de campagne. Entre cette forêt et le parc de la terre de Mad. de *Montesson* il se développe un site vraiment divin, et qui offre à l'oeil partout des groupes de groseillers, de rosiers et de sureau d'Espagne *).

Aux environs de *Menilmontant* sont des carrières, où il y eut en 1778 une chûte terrible. Tout près on trouve le Pavillon français, occupé par un restaurateur, des fenêtres duquel on voit toute l'étendue de Paris devant soi. C'est ici que les Parisiens font aussi beaucoup de parties de campagne.

Hors de la barrière du temple, près de *Popimourt*, on remarque encore la maison de campagne du fameux Père *Lachaise*, bâtie en briques et très-bien conservée.

Dans la saison des pêches, on ne se repentira pas d'avoir fait une excursion à *Montreuil*. Ce *Montreuil*, situé près de *Charonne* et *Vincennes*, il ne faut pas le confondre avec celui près de *Versailles*. Les jardiniers de *Montreuil* sont renommés par toute l'*Europe* à cause de la culture des fruits: mais peut-être sait-on moins, qui est l'inventeur des jardins appelés à la *Montreuil*, c'est à dire, où l'on a élevé un grand nombre de murs auxquels on adosse des arbres à l'espalier. C'est un chevalier de St. *Louis*, nommé *Girardot*, qui après avoir dépensé la plus grande partie de sa fortune au service militaire, se retira dans sa terre à *Bagnolet* et y créa le premier jardin d'après la methode suivie actuellement à *Montreuil* avec tant de succès **).

La forêt de Vincennes était jadis aussi du nombre des endroits, où l'on fesait des parties champêtres: mais on n'y va plus, depuis qu'elle a été si cruellement rasée, peutêtre aussi à cause de la proximité du château qui sert de prison.

A *Charonne*, St. *Mandé*, *Fontenay sur bois*, il y a un grand nombre de maisons de campagne, fort bien situées.

Là il s'offre deux chemins qui conduisent également dans cette fertile contrée, qui est connue sous le nom

*) Celui qui voudra faire une petite partie de campagne à *Romainville*, peut s'adresser avec confiance au chasseur de feu Mad. de *Montesson*, pour se restaurer.

**) Un jardin de 3 arpens a bien souvent rapporté à son possesseur plus de 20,000 francs.

de la Brie *). Ces deux chemins sur les deux côtés de la *Marne*, sont infiniment beaux; ce qui peut se dire surtout de celui qui conduit à *Lyon*, entre la *Marne* et la *Seine*. — Le Château et le joli Parc de St. *Maur* sur un isthme entre ces deux rivières, appartiennent au sénateur la *Martellière*. — A *Bercy*, sur le chemin de *Charenton*, il y a une prodigieuse quantité de jolies maisons de campagne. A l'extrêmité du parc, une terrasse qui s'élève sur le bord de la *Seine*, procure une vue délicieuse. Dans la révolution, le château était abandonné et les terres louées à différentes personnes, qui y firent toute sorte de dégâts, en coupant des arbres, changeant des allées en champs de blé etc.: l'intérieur du château a encore le moins souffert. Actuellement le propriétaire, rentré dans ses biens, fait son possible, pour remettre tout sur l'ancien pied. On a établi à *Bercy* plusieurs fabriques et manufactures, telles que d'Indienne, de Vitriol, une raffinerie de sucre, plusieurs grandes tanneries; on y remarque surtout la grande Sellerie des frères *Coulon*, où se font les ouvrages les plus magnifiques. La broderie seule de quelques selles qui s'y travaillent, et sur lesquelles les généraux paraissent avec tant d'éclat à la grande parade dans la cour des Tuileries, revient à 30,000 livres. Comme *Bercy* est situé si près de Paris et sur le bord de la Seine, cet endroit sert de dépôt général aux marchands de vin de Paris. Car le droit d'entrée étant très-considérable, ils ont dans Paris même seulement une petite quantité de vin de chaque espèce, et à mesure qu'il se vend, ils le remplacent du magasin, pour n'être pas obligés de payer le droit d'entrée longtems d'avance. — Un peu plus loin que *Bercy* on arrive à *Conflans*, qui communique avec *Carrières*, comme celui-ci avec *Charenton*. Dans ce dernier endroit est le fameux et remarquable hôpital des fous, et au-delà du pont de la *Marne*, on voit le Château d'*Alfort* avec l'école vétérinaire fondée en 1764 par le Ministre *Bertie*. Proche *Charenton* la *Marne* se décharge dans la Seine, et on distingue jusqu'à une certaine distance son eau à la rive droite. — Le pont de Charenton est un beau morceau d'architecture. Il y a un moulin dessus. — *Maisons*, un peu plus

*) C'est de là que viennent les fromages de *Brie*, qui sont tant recherchés.

loin, est l'un de ces endroits, où les Parisiens font de petites parties de plaisir et de récréation. En suivant cette route le long de la rive droite de la Seine, on arrive à *Villeneuve sur Seine*, joli endroit, et à *Crosne* (lieue natal de *Boileau*), dont le château avec ses dépendances, destiné déjà, après le 18. brumaire, à *Sieyes* comme récompense nationale, fut pourtant rendu à ses anciens possesseurs, qui revinrent immédiatement après. Si l'on prend à *Alfort* la route à gauche, on passe devant le château de *Grosbois*, dont le parc est immense (de 1600 arpens) et où l'on fait de superbes chasses. Au commencement de la révolution, Monsieur frère de *Louis XVI*, en était propriétaire; dans la suite, ce château appartient au Directeur *Barras*, dont l'acheta le général *Moreau* *), et depuis que celui-ci a quitté la France, il appartient à un des frères de l'Empereur.

En sortant par la barrière des *Gobelins*, ou comme elle s'appele maintenant, barrière de *Marengo* **), on sera, dans trois quarts d'heure, à *Ivry*, joli hameau, situé à la descente d'une colline et surtout renommé à Paris pour son excellent lait. Les médecins ordonnent quelquefois à certains malades de séjourner quelque tems à *Ivry* pour y boire du lait bon et naturel. Sur la terrasse du château on jouit d'une vue délicieuse sur tout Paris et sur tous les environs qui dans le voisinage d'*Ivry* offrent de superbes pâturages. — Plus loin, vers le sud, on voit *Vitry* dans un charmant paysage, à peu de distance de la Seine. Il y a là beaucoup de maisons de campagne, parmi lesquelles on remarque celle de Mlle. *Contat*: le château et les terres qui en dépendent, sont à présent la propriété du préfet de Police, Mr. *Dubois*. — En suivant cette route encore un peu plus loin, on arrive à *Choisy*, au bord de la Seine, à deux bonnes lieues de Paris, dans une situation fort agréable; par cette même raison on y découvre des groupes nombreux de maisons de campagne, semées d'une manière pittoresque le long de la rivière. A *Choisy*, il y avait autrefois un château royal, dont on ne voit plus de trace depuis la

*) Le fondateur du château se nomma aussi Moreau.

**) A cause que *Bonaparte*, après la bataille de *Marengo*, rentra par cette barrière.

révolution: sur sa terrasse l'oeil se perdait dans une vue très-étendue. Le labyrinthe seul existe encore, et offre une promenade ombragée très-agréable. Près de *Choisy* il y a une fabrique de maroquin, qui, quoiqu'elle n'existe que depuis peu de tems, prospère à merveille et peut à peine satisfaire aux nombreuses commandes qui se font de toute part *): Sur le quai des *Augustins* est un bureau, d'où partent tous les jours des voitures pour *Choisy*, avec lesquelles on peut aussi retourner à Paris. — Si on veut étendre son excursion jusqu'à *Corbeil*, on pourra se servir du coche, qui part des ports St. *Bernard* et St. *Paul.*

De ce côté est aussi la route de *Fontainebleau*, pour laquelle il y a des diligences établies exprès à Paris. Le chemin par Villejuif est extrêmement monotone et ennuyeux **), mais des deux côtés de la grande-route on voit, à petites distances d'elle, des paysages délicieux, où par conséquent aussi beaucoup de Parisiens ont leurs maisons de campagne. Surtout les environs de *Savigny*, un peu plus loin que ne va notre carte, sont charmants. Près du village voisin de *Juvisy*, un ouvrage digne des Romains réclame toute l'attention en même tems que l'admiration des voyageurs, monument qui mérite bien qu'on méprise le désagrément du long chemin, surtout quand on va jusqu'à *Fontainebleau*, où quelques parties du château, principalement la galerie de François I., sont encore aujourd'hui très-intéressantes.

Anciennement la grande-route traversait le village de *Juvisy*, mais avec beaucoup de danger, à cause de la roideur du chemin. Le Gouvernement forma le dessin d'établir une route praticable et commode, et conformement au plan arrêté elle devait également traverser *Juvisy*; mais alors il aurait fallu que le Seigneur du village cédât une partie de son parc. Celui-ci refusa

*) Les propriétaires et fondateurs de cet établissement s'appelent *Münzer*, de *Bischweiler* en *Alsace*, *Fauler*, du pays de *Wurtemberg*, et *Kämpf*, du pays de *Bade*. Tous trois ont fait un long séjour en Angleterre.

**) Comme il va toujours en ligne droite, on lui a donné le nom de long boyau: la route, garnie d'arbres de part et d'autre, forme une avenue à perte de vue.

d'y consentir. Aujourd'hui on n'aurait pas égard à un tel refus: une entreprise aussi importante pour le bien public se serait exécutée, si même le parc tout entier eût dû être détruit. Le Gouvernement d'alors, soit par faiblesse, soit par crainte, soit par d'autres motifs, ne procéda pas de la sorte: la propriété des particuliers, comme cette fois-ci le caprice du propriétaire de *Juvisy*, fut respectée, et la route, au grand désavantage des habitans, conduite à une petite distance du village. En 1722 cet ouvrage fut commencé: il fallait rabaisser la hauteur et réunir deux collines entre lesquelles coule la petite rivière de l'*Orge*. On éleva à cet effet sur l'*Orge* un pont de 7 arcades, qui ne sert qu'à empêcher le terrain des deux collines de s'écroûler. Au dessus de ce premier pont il en est un second, d'une seule arcade, sur lequel passe la grande-route. Cet ouvrage remarquable, qui rappele les beaux tems des Romains, fut achevé en 1728. Jadis on voyait à chaque côté de ce pont une fontaine à tuyaux, dont il est dit dans la plûpart des déscriptions, qu'on y fesait monter l'eau, par une pompe particulière, de l'*Orge* qui coule dessous. Cette assertion est erronée; l'eau venait des sources, qu'on avait trouvées, en fesant sauter la hauteur qu'il fallait enlever, et on l'avait dirigée ici. Cet aqueduc est actuellement négligé: mais le double pont existe encore, comme un monument honorable du gouvernement qui le fit ériger.

Un peu à droite de la route de *Fontainebleau* on découvre la petite rivière de *Bièvre*, qui reçoit, près de *Gentilly*, le nom orgueilleux de rivière de *Gentilly*, sans devenir pour cela plus grande, ni plus pure, ni plus remarquable, comme cela arrive bien souvent dans le cours de la vie à ceux qui obtiennent de nouveaux titres et de nouvelles dignités. *Bicêtre*, où le vénérable *Salzmann* eût encore trouvé une ample matière pour son ouvrage sur la misère humaine, n'est pas loin de la *Bièvre*, où se jette la totalité de l'eau sale et dégoûtante, qui découle de cet édifice, circonstance qui, selon l'opinion vulgaire, rend cette rivière propre à effectuer les belles teintures des *Gobelins*, ce qui n'est d'ailleurs qu'un préjugé. Une partie du Château de *Bicêtre* sert d'hôpital pour les fous; une autre pour les malades vénériens; une troisième partie est proprement une prison et l'entrepôt des *criminels condamnés aux* galères. Ce ne pas là un endroit où l'on prend soin de corriger les prisonniers: au contraire, il est constaté que ceux, qui pour un crime quelconque y ont été emprisonnés pendant quelque tems, *sont devenus dans ce* lieu des scélérats achevés *). Mais détournons nos regards de ce séjour de la misère et du vice, pour faire une petite promenade au village voisin d'*Arcueil.* C'est le seul endroit dans les *environs* de *Paris*, où l'on puisse voir encore, en quelque sorte, la façon de bâtir des Romains, à une ruine d'un ancien aqueduc romain, qui se trouve à l'extrêmité du village, dans la ferme de *Cachant*, appartenant à Mr. *Cambry.* On voit aussi dans ce village un autre aqueduc, construit sur les desseins de *Jacques de Brosse* par ordre de *Marie de Médicis*, et qui conduit l'eau de plusieurs sources de *Rungis* à Paris, pour y fournir une partie des fauxbourgs St. *Marceau*, St. *Jacques* et St. *Germain.* Les eaux d'*Arcueil* couvrent les matières, qui y sont trempées pendant quelque tems, d'une croûte de pierre: lorsqu'on donna au jardin du *Luxembourg* son arrangement actuel, on trouva, en fouillant la terre, quelques vieux tuyaux d'aqueduc, entièrement remplis de cette masse pierreuse, au point qu'à la fin, l'eau n'avait plus trouvé d'espace pour passer. Dans les carrières d'*Arcueil* on taille une pierre d'un grain fin, propre à être poli, et qu'on emploie dans des maisons ordinaires pour chambranles et dessus de cheminée, à la place du marbre qui y sert dans des maisons plus élégantes. A Arcueil et dans ses environs il y a depuis longtems un

*) Quelquesuns de ces prisonniers, pour gagner un peu d'argent, s'occupent à faire de petits ouvrages, qui demandent du talent et prouvent que le Gouvernement pourrait le mettre en oeuvre d'une manière profitable pour la société. *Le puits de Bicêtre* est un objet qui mérite d'être vu.

grand nombre de maisons de campagne des Parisiens. L'ex-directeur *Reubel* y possède une très-belle terre.

Le village voisin de *Bourg-la-Reine* (à l'époque des Sansculottes *Bourg-Egalité*) renferme plusieurs maisons d'éducation. Il y a aussi une manufacture de porcelaine. Dans la plaine auprès de ce bourg, le Collège électoral de Paris en l'année 1792 tint deux assemblées.

Fontenay-aux-Roses porte ce surnom de ce que ce village jadis fournissait les roses qui se distribuaient à la cour et dans une certaine solennité aux membres du parlement. Encore aujourd'hui, ce village est renommé à cause de ses habiles jardiniers et des belles fleurs qu'on y cultive. Le célèbre avocat, *Chauveau-la-Garde*, y possède une terre embellie par les soins de l'habile architecte *Bellenger*.

De *Montrouge* il a été dit un mot dès le commencement. A la route qui y conduit tout droit, on voit une jolie maison, bien tenue, où des vieillards, qui n'ont que peu de fortune, peuvent se mettre en pension a un prix très-modéré. Les carrières des environs de *Montrouge* fournissent une quantité considérable des pierres qui s'emploient à Paris.

Sceaux, près de *Bourg-la-Reine*, était anciennement un de ces endroits où l'on aimait à faire des parties de plaisir. Mais dans le cours de la révolution le château et les jardins ayant été vendus, l'un a été démoli et les autres cruellement ruinés. Ceux qui achetèrent le château, ont gagné par les matériaux, plus qu'ils n'avaient payé le tout. Seulement l'Orangerie existe encore, le Maire de *Sceaux* ayant réussi à dé-

termi-

terminer sa commune à en faire l'acquisition, pour procurer au moins aux habitans, dans les fêtes publiques, un endroit ombragé. Au dessus de l'entrée on lit ce distique:

De l'Amour du pays ce jardin est le gage;
Quelques-uns l'ont acquis, tous en auront l'usage.

On sait que *Sceaux* appartenait jadis au duc de *Penthièvre*, dans l'hôtel duquel à Paris, se trouve maintenant l'Imprimerie Impériale. *Florian* mourut à *Sceaux* en 1795 à la suite d'une maladie phtisique, que lui avait attirée sa prison du tems de la terreur.

Il ne nous reste à faire à présent qu'une petite excursion: elle va par la barrière de *Vaugirard*, le long de la rive gauche de la *Seine* vers *Sèvres*, de manière que notre dernier petit voyage coincide avec le premier à *Versailles*.

De ce côté-ci on voit des sites charmans près *Vauvres*, *Issy*, *Clamart*, *Meudon*. La forêt de *Meudon* est très-jolie, et comme cette contrée n'est pas éloignée, elle offre une promenade capable de remplir très-agréablement un dimanche ou tout autre jour de loisir. Il y a également nombre de maisons de campagne, dont plusieurs sont très-bien situées. Entre *Vauvres* et *Issy* le prince de *Condé* possédait un château dans un site délicieux.

Avant de finir, je ne puis que recommander d'aller encore à *Jouy*, ou de ce côté-ci, ou à l'excursion précédente à *Sceaux*, ou bien à un voyage à *Versailles*, qui n'en est distant que d'une lieue. Ce *Jouy* est un village sur la petite rivière de *Bièvre*, célèbre par la fabrique d'*Indienne*, établie ici en 1760 par Mr. *Oberkampf*. Ce dernier commença sa fabrique avec un seul métier; maintenant *Jouy* est peuplé presqu'entièrement par ses ouvriers, et on compte que leur nombre se monte à 1200. Son entreprise réussit si bien, que dans ce moment-ci, il est propriétaire de plusieurs millions.

Table alphabétique.

A.

B.

C.

D.

E.

S.

T.

U.

V.

PARIS
et ses Environs, à la distance
de 4 lieues à la ronde.

Weimar
au bureau d'Industrie
1810.

PARIS
mit seinen ferneren Umgebungen
4 Lieues in die Runde.

Weimar
im Verlage des Landes Industrie Comptoirs
1810.

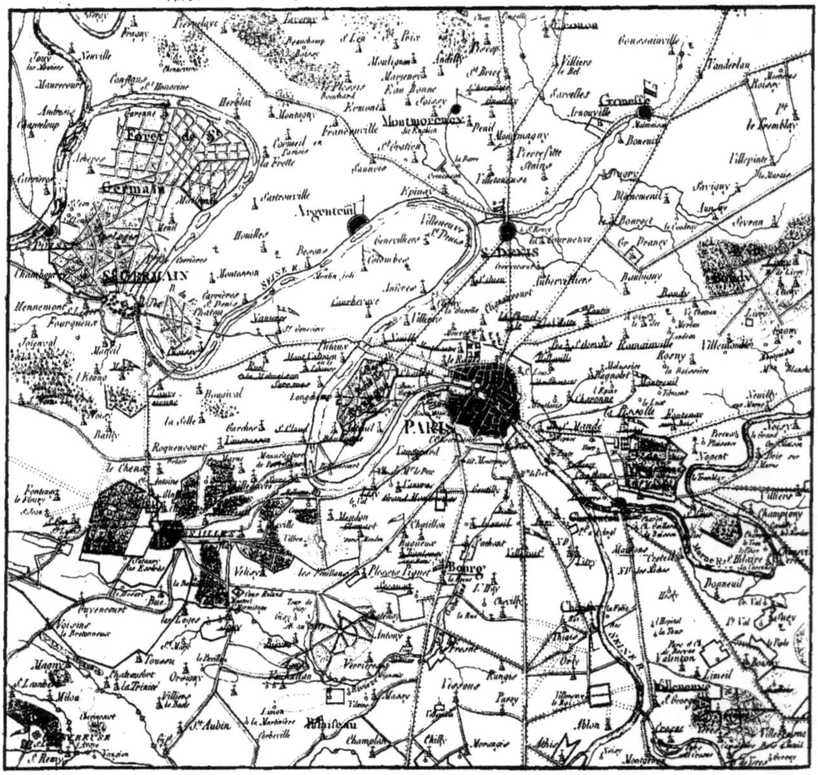

www.ingramcontent.com/pod-product-compliance
Lightning Source LLC
Chambersburg PA
CBHW071935090426
42740CB00011B/1714
9782019155223